目 录

U0226626

TOTE BAG

托特包

这是一款大容量托特包。使用帆布、夹棉布、皮革来制作的话，缝制出来的包形会十分漂亮。再搭配上柔软的亚麻布，能制作出不同风格的托特包。

01

红色提手亚麻布托特包

首先制作基本款式的托特包。搭配包口布边的红线，包底和提手处使用红色的亚麻布。经典、耐用，越看越有味道。

设计者：赤峰清香
制作方法：P.66

02

两用条纹托特包

设计此款托特包时使用了一些技巧。口袋设计成斜向条纹，带来了变化。提手处巧妙利用了条纹图案，制作出了黄白相间的提手。容量大，可以立放的托特包。

设计者：赤峰清香
制作方法：P.67

包口处折叠一下的话，提手可以挎在肩上来使用。可以根据物品的量和衣着随意变换哟！

03

亚麻布托特包

利用亚麻布料的图案缝制出的简单款托特包。配合亚麻布的自
然风格，用蕾丝花边或图案简单装饰即可。

设计者：田中智子
制作方法：P.5

制作方法
亚麻布托特包

成品尺寸：包口宽约33cm×高约24cm(不含提手)×侧片约10cm

< 裁剪图 >　※ 缝份全部为1cm

< 材料 >

条纹图案的亚麻布 35cm×60cm
方格图案的亚麻布 35cm×60cm
藏青色亚麻布 100cm×8cm
装饰用蕾丝花边　根据自己的喜好适量
邮戳图案或布用邮戳图案(根据自己的喜好选用)

• 条纹图案的亚麻布 (表布)
　方格图案的亚麻布 (里布)

• 藏青色亚麻布

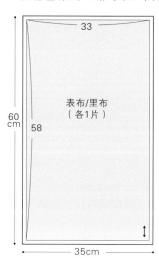

表布/里布
(各1片)

60cm 58

35cm

33

8cm

6　48
提手 (2片)

100cm

< 制作方法 >

1　表布正面相对对折，缝制两侧。

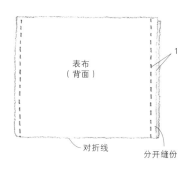

表布
(背面)

对折线

分开缝份

1

2　缝制下角线，做出侧片，缝份预留
1cm，然后剪去多余布料。

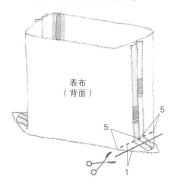

表布
(背面)

5

5

5

1

3　里布预留10cm的返口，然后同
表布一样缝制。

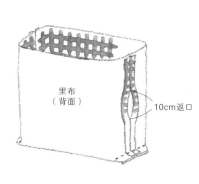

里布
(背面)

10cm返口

4　表袋和里袋正面相对重叠，
夹着提手，然后缝制包口。

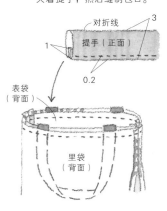

对折线

3

1

提手 (正面)

0.2

表袋
(背面)

里袋
(背面)

5　翻到正面，缝上返口，在袋口
机缝一圈。

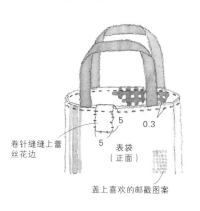

0.3

5

5

表袋
(正面)

卷针缝缝上蕾
丝花边

盖上喜欢的邮戳图案

※ 制作图中未标明单位的尺寸均以厘米 (cm) 为单位

04

蝴 蝶 结 装 饰 的 托 特 包

此款托特包的亮点是褶皱的口袋和大大的蝴
蝶结。包口用印花棉布滚边，以及两侧的蕾
丝花片，更增添了包包的甜美感。

设计者：田中智子
制作方法：P.7

制作方法

蝴蝶结装饰的托特包

成品尺寸：包口宽约31cm×高约27cm(不含提手)×侧片约10cm

实物大纸型A面[A]底布/表布后片/里布、表布前片、口袋表布/口袋里布

< 裁剪图 >　※(　)内的数字指的是缝份的宽度，除指定以外，缝份均为1cm

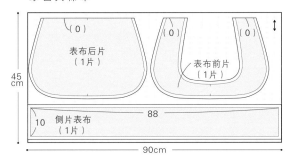

• 原色夹棉布

表布后片（1片）

表布前片（1片）

侧片表布（1片）　88

45cm　10　90cm

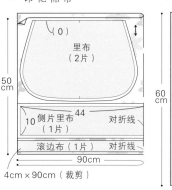

• 印花棉布

里布（2片）

侧片里布（1片）　44　对折线

滚边布（1片）　对折线

50cm　10　90cm

4cm×90cm（裁剪）

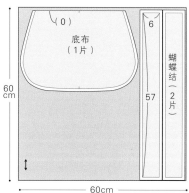

• 黑色亚麻布

底布（1片）

蝴蝶结（2片）　6

60cm　57　60cm

• 原色亚麻布

口袋表布/口袋里布（各1片）　对折线

25cm　90cm

< 材料 >

原色夹棉布90cm×45cm
黑色亚麻布60cm×60cm
原色亚麻布90cm×25cm
印花棉布90cm×50cm
皮革绳1.5cm×72cm　2根
铆钉(中)　8个
装饰用的蕾丝花片　根据自己的喜好适量

< 制作方法 >

1　制作口袋。

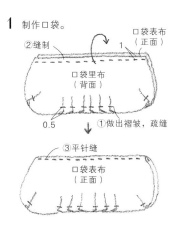

②缝制　口袋表布（正面）　1

口袋里布（背面）

0.5　①做出褶皱，疏缝

↓

③平针缝

口袋表布（正面）

[蝴蝶结的制作方法]

4　蝴蝶结（背面）　3　蝴蝶结（正面）

另一侧的边端不缝制，当作返口　机缝压线

2　制作主体前面部分。

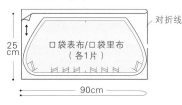

口袋（正面）

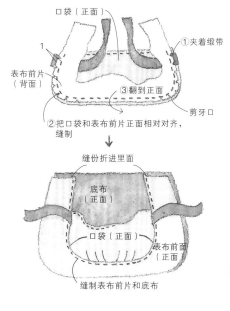

1　①夹着缎带

表布前片（背面）　③翻到正面

剪牙口

②把口袋和表布前片正面相对对齐，缝制

缝份折进里面

底布（正面）

口袋（正面）

表布前面（正面）

缝制表布前片和底布

3　制作表袋。

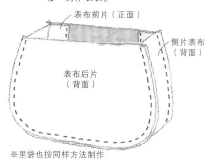

表布前片（正面）

侧片表布（背面）

表布后片（背面）

※里袋也按同样方法制作

4　表袋和里袋背面相对重叠，袋口处滚边，安装提手。

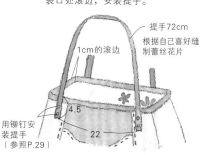

提手72cm　根据自己喜好缝制蕾丝花片

1cm的滚边　4.5

用铆钉安装提手（参照P.29）　22

05

皮 革 和 棉 布 做 成 的 托 特 包

柔软轻薄的皮革可以用于包底和提手，因为用缝纫
机缝制，所以比较容易处理。
中间可以使用印花棉布，非常可爱。

设计者：NAPA TOMOKO
制作方法：P.9

口袋口用印花棉布滚边。
在包口处安上磁扣，轻轻
相互碰触就可以闭合上。

LESSON 1

皮革和棉布做成的托特包 P.8

成品尺寸：包口宽约34cm×高约23.5cm（不含提手）×侧片约8cm

＜裁剪图＞ ※（ ）内的数字指的是缝份的宽度，除指定以外，缝份均为1cm

＜材料＞

原色亚麻布80cm×25cm
印花棉布40cm×20cm
白色棉布100cm×35cm
薄皮革40cm×23cm
薄黏合衬17cm×10cm
厚黏合衬6cm×3cm
磁扣（直径1.2cm）1对
蕾丝花边36cm
底板用的聚酯纤维棉芯（或者是硬纸板）
　26cm×8cm
双面胶

• 原色亚麻布

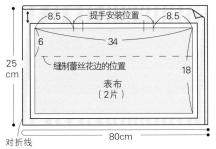

8.5　提手安装位置　8.5
6　34
缝制蕾丝花边的位置
25 cm
表布（2片）　18
对折线
80cm

• 印花棉布

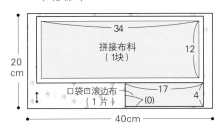

34
拼接布料（1块）　12
20
口袋口滚边布（1片）　17　（0）　4
40cm

• 薄皮革

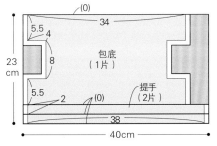

（0）　34
5.5　4
8
包底（1片）
23 cm
5.5　2　（0）　提手（2片）
38
40cm

※口袋布的里面全部贴上薄黏合衬
※在里布的背面安装磁扣的位置处贴上厚黏合衬

• 白色棉布

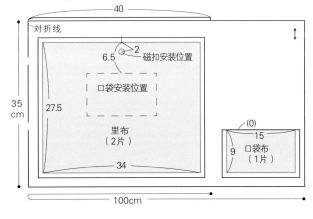

40
对折线
2　磁扣安装位置
6.5
口袋安装位置
35 cm　27.5
里布（2片）
34
（0）　15
口袋布（1片）　9
100cm

※ 此处为了方便读者观看，
使用了颜色醒目的线。
在实际制作时，请使用
与布料颜色相配的线

---

1. 制作表袋

表布（正面）

1 在表布的蕾丝缝制处用画粉笔画缝制线。

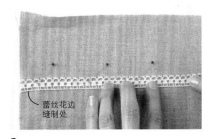

蕾丝花边缝制处

2 沿着画的线，用珠针固定蕾丝花边。

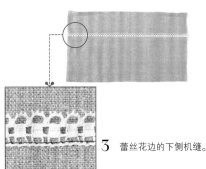

3 蕾丝花边的下侧机缝。

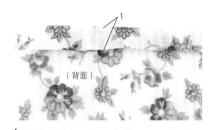

4　拼接布料的上端往里折进1cm，并熨烫平整。

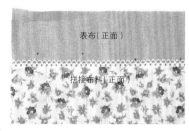

5　为了隐藏步骤3的缝份，用蕾丝花边覆盖在拼接布料上，并机缝。

6　在距布边0.5cm处把拼接布料和表布绗缝在一起。

2．缝制包底

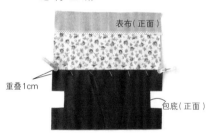

7　把包底和表布端头1cm处用晾衣夹固定住。如果用珠针固定的话，可能会在皮革上留下针孔，所以要把珠针固定在接缝处。

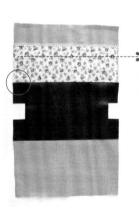

8　把表布和包底机缝在一起。可以使用皮革用针。另一侧也按相同方法缝合表布和包底。图片显示的是表布和包底缝合在一起的情形。

9　将表布正面相对对齐，缝制两侧。分开两侧的缝份。

10　折叠侧片，缝合。

11　按照同样的方法缝制出另一侧的侧片。表袋制作完成。

12　把包翻到正面，整理包底的四个角。

3. 安装提手

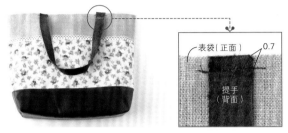

表袋（正面）　0.7
提手（背面）

13 把提手和表袋正面相对重叠，并疏缝在提手安装位置处。另一侧也按同样方法缝制。

4. 安装口袋

14 准备口袋布和口袋口滚边布。口袋布的里侧贴上薄黏合衬。口袋口滚边布折三折（P.64）。

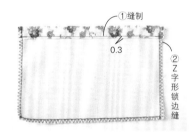

①缝制
0.3
②Z字形锁边缝

①　口袋（背面）　

②

15 用口袋口滚边布包裹着口袋布的上端，并用珠针固定。

16 缝制口袋口滚边布，左右两侧和下侧用Z字形锁边缝或锁边机来缝制。

17 把口袋布的左右两侧和下侧往里折到完成线位置处。

5. 安装磁扣

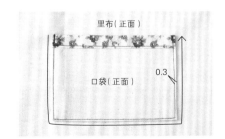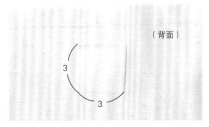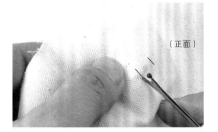

里布（正面）
口袋（正面）　0.3

（背面）
3
3

（正面）

18 把口袋缝制在里布正面的口袋安装位置。

19 把剪成3cm的正方形的厚黏合衬贴在里布里侧准备安装磁扣的位置。

20 把磁扣托放在布料上面，描摹出安插磁扣的位置，并用拆线器切出2个切口。

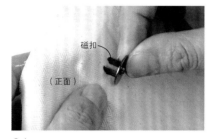

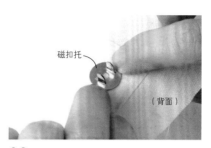

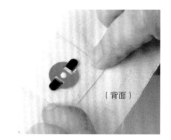

21 从布料正面向切口处插入磁扣。

22 把磁扣托插在磁扣的两条腿上。

23 用钳子把磁扣上的两条腿向外侧翻折，固定在磁扣托上。另一侧也按同样方法缝制。

6. 缝制里布

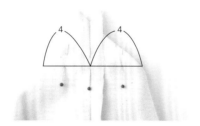

24 把2块里布正面相对对齐，预留出10cm的返口，缝合除袋口以外的三边。分开缝份。

25 对齐底边线和两侧缝线，把侧片部分折成三角形，在左右两边4cm处画线（侧片宽为8cm），用珠针固定。

26 沿着画线处缝制侧片，预留1cm的缝份，多余的部分剪去。另一侧也用同样的方法制作。里袋制作完成。

7. 缝合表袋和里袋

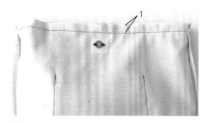

27 把表袋和里袋正面相对对齐，用珠针固定袋口。

28 机缝袋口。

29 从返口处把包翻到正面。

30 这是包翻到正面后的样子。在包口处表袋和里袋连接在一起。

31 把里袋放在表袋里。整理包口，避开皮革熨烫平整。插入珠针。

8. 放入底板

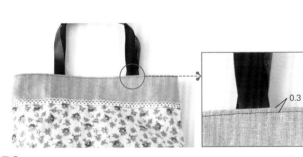

32 摁压包口边，机缝一圈。

33 把底板剪成相应的尺寸，四个角剪成圆弧形。为了使底板固定在包底，在底板上贴上双面胶。

34 撕下双面胶上的纸，从返口处放入底板，并贴在包底处。

35 缝合返口。

36 制作完成。

GRANNY BAG

祖母手提包

祖母手提包，是通过褶皱制作出的圆弧轮廓的松软立体包包，
像国外老奶奶喜欢使用的那种包形。
下面介绍的是用棉布提手制作的祖母包及使用圆环提手制作的祖母包。

06
散步手提包

同色系的棉布拼接在一起，
中央折出褶皱的可爱手提包。
都是直线设计，
前后直接缝制在一起，制作简单。

设计者：杉野未央子
制作方法：P.65

包口两侧用的条纹布，是为了遮住布边，巧妙的设计同时也为包包增加了亮点。

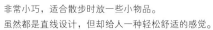

非常小巧，适合散步时放一些小物品。
虽然都是直线设计，但却给人一种轻松舒适的感觉。

07

蓝色风拼接祖母手提包

方格图案和印花图案交相辉映，是一款做工细致的祖母手提包。

只需抓捏边角，制作出侧片增加包包的宽度。

提手和包口黑色的蕾丝花边可以收紧包包。

设计者：远藤亚希子
制作方法：P.18

拼接布料和里布使用小圆点
图案，非常可爱。塑料制的
提手也非常方便。

08

怀旧印花祖母手提包

怀旧的印花图案、木制的提手，
都散发着乡恋气息的复古手提包。
包内使用的稍有弹力的布料贴上黏合衬，
褶皱的效果会更漂亮。

设计者：奥山千晴
制作方法：P.20

用包口布包裹着提手，仔细
缝制提手的周围来固定。

制作方法

蓝色风拼接祖母手提包 P.16

成品尺寸：包口宽约30cm×高约22cm(不含提手)
实物大纸型A面[B](小饰物)

< 裁 剪 图 > ※除指定以外，缝份均为2cm

• 印花棉布

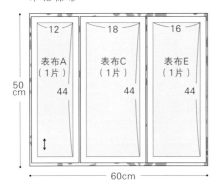

• 方格图案的棉布

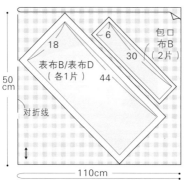

• 浅蓝色水珠图案的棉布

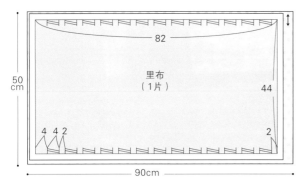

• 黑色水珠图案的棉布

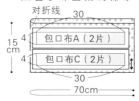

※只有包口布A、B、C
的缝份宽度为1cm

< 材 料 >

印花棉布60cm×50cm
方格图案的棉布110cm×50cm
黑色水珠图案的棉布70cm×15cm
浅蓝色水珠图案的棉布90cm×50cm
蕾丝花边(黑色)1cm×130cm
直径15cm的环形提手 1对
羊毛毡、丝带、纽扣、水兵带、刺绣线、钥匙形装饰物 根据自己的喜好选用适量

< 布 的 拼 接 方 法 >

• 表布

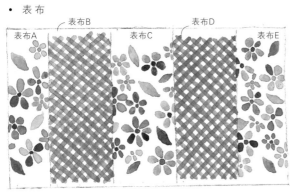

• 包口布

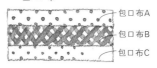

※褶皱参考里布的裁剪图，
按同样的方法制作

< 制 作 方 法 >

1 缝合表布(小布块拼接)。折出褶皱，绗缝一圈。

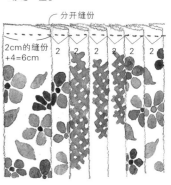

2　把表布正面相对对折，
　　缝制两侧至开口止位处。

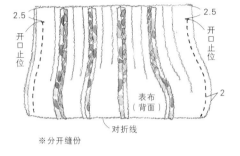

2.5

开口止位

2.5

开口止位

表布
（背面）

对折线

2

※分开缝份

3　里布折出褶皱，缝合一圈。同表袋
　　一样，缝制两侧。

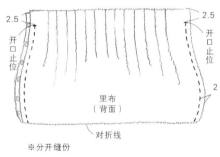

2.5

开口止位

2.5

开口止位

里布
（背面）

对折线

2

※分开缝份

4　把表袋和里袋背面相对重叠，缝
　　制开口处，制作侧片。

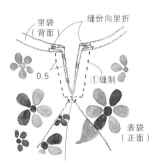

里袋
（背面）

缝份向里折

0.5

①缝制

表袋
（正面）

②表袋和里袋的底端相对，缝制开口处，
　制作侧片

※主体制作完成

5　包口布拼接后，在一
　　侧缝上蕾丝花边。

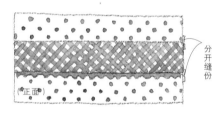

分开缝份

（正面）

6　把包口布缝制在主体上。

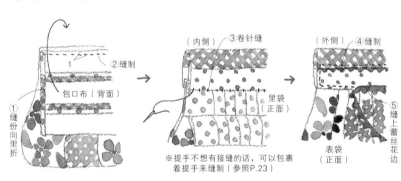

1

②缝制

①缝份向里折

包口布（背面）

（内侧）③卷针缝

里袋
（正面）

（外侧）④缝制

表袋
（正面）

⑤缝上蕾丝花边

※提手不想有接缝的话，可以包裹
　着提手来缝制（参照P.23）

7　穿上提手，挂上小饰物。

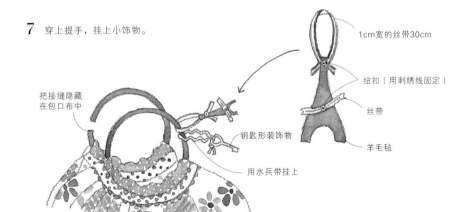

把接缝隐藏
在包口布中

钥匙形装饰物

用水兵带挂上

1cm宽的丝带30cm

纽扣（用刺绣线固定）

丝带

羊毛毡

LESSON 2

怀旧印花祖母手提包　P.17

成品尺寸：包口宽约28cm × 高约30cm（不含提手）

实物大纸型A面[C]（表布/里布）

＜裁剪图＞　※（ ）内的数字指的是缝份的宽度，除指定以外，缝份均为1cm

- 印花棉布（表布）/条纹棉布（里布）

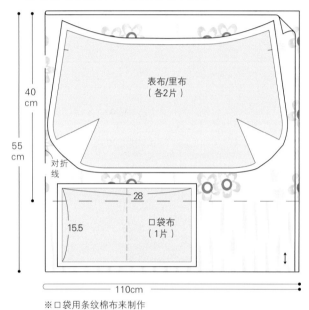

40 cm

55 cm

对折线

表布/里布
（各2片）

28

15.5　口袋布（1片）

110cm

※口袋用条纹棉布来制作

＜材料＞

印花棉布110cm × 40cm
条纹棉布110cm × 55cm
白色亚麻布70cm × 20cm
宽16cm的木质提手 1对

※ 为了方便读者观看，在此使用颜色醒目的线。在实
　际缝制的时候，请使用与布料颜色相配的线

- 白色亚麻布

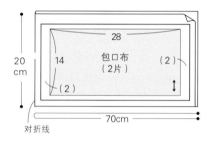

20 cm

28

14　包口布（2片）　（2）

（2）

70cm

对折线

---

1. 制作表袋

表布（背面）

1 褶皱处剪成V形。

对折线

表布（背面）

2 对齐褶皱的线，用珠针固定。

表布（背面）

3 沿着缝合线缝褶皱。从布端沿着褶皱的方向缝制。

4 左右褶皱缝制完成。

5 褶皱预留1cm的缝份，其余剪去。

6 用小剪刀仔细地裁剪褶皱上端，注意不要剪到缝合线了。

7 用熨斗熨开缝份。另一边的褶皱也同样制作。

8 褶皱制作完成。另一块表布也按同样的方法制作。

9 把2块表布正面相对对齐，缝制底部和两侧边至止缝处。

2. 制作里袋

10 用熨斗熨开缝份。曲线边角处可以将毛巾等揉成一团垫在背面，这样会比较容易熨烫。表袋制作完成。

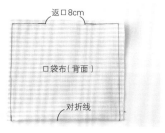

11 把口袋布正面相对对折，预留出返口，缝合。

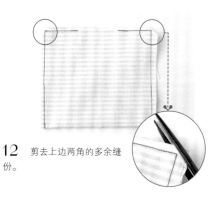

12 剪去上边两角的多余缝份。

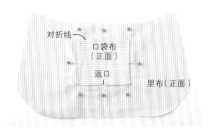

13 从返口处把口袋翻到正面。

14 用小锥子把边角挑出。

15 在里布的口袋安装位置处用珠针固定口袋布。此时，把口袋布（对折线）的地方朝上，返口处朝下。

3. 缝合表袋和里袋

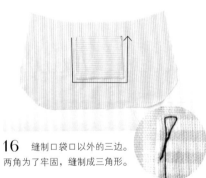

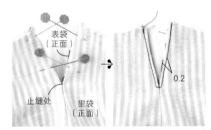

16 缝制口袋以外的三边。两角为了牢固，缝制成三角形。

17 与表布一样，按同样方式缝制褶皱。2块里布正面相对对齐，从一边止缝处缝制到另一边止缝处。分开缝份。里袋制作完成。

18 把表袋和里袋背面相对重叠，把各自止缝处上面的缝份折进里面，用珠针固定，距边0.2cm处缝制。

4. 抽褶

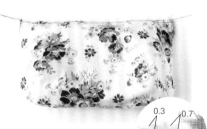

19 距袋口端0.7cm和0.3cm处用粗针脚机缝。两端不进行回针缝。前面和后面分别进行同样操作。

20 拉紧上面的两根线，聚拢褶皱。要一点一点地收紧，防止线被拉断。

21 褶皱聚拢后的情形。褶皱要聚拢匀称。主体制作完成。

5. 缝合包口布和主体

包口布(背面)

1

0.3

里袋(正面)

包口布(背面)

1

22 包口布左右两端以宽为1cm的布向里折二折,然后缝制两端。

23 配合包口布的宽度,来调整袋口的褶皱。然后把包口布和主体正面相对对齐,用珠针固定。

24 距布边1cm处机缝。主体的表袋侧与包口布的一边相连。

6. 安装提手

包口布(正面)

25 用包口布包裹着提手,把里包侧的包口布的缝份折进里面,把珠针固定在主体的完成线上。

26 把包口布卷针缝缝在主体上。

27 提手和包口布与主体是相连的。

28 把包口布的左右两端卷针缝缝在提手的边缘处。

29 用双线撩缝包口布提手处,以便固定提手。另一个提手也按同样的方法缝制。

30 制作完成。

MARCHE BAG

购物包

此款购物包的特点是圆底、包口宽大。模仿摩洛哥皮革制作的购物筐包
形制作而成的。让我们一起掌握 P.26 课程的缝制曲线的技巧吧！

09

南瓜形购物包

包底折出褶皱，做成鼓状的购物包。除了包底以外，全部都是直线
设计。前面的口袋只需缝制在包身上，非常容易制作。

设计者：SONGBELL
制作方法：P.74

包口使用磁扣开合。将内口袋夹在贴边和
里布中间缝制。

10

带刺绣数字的小巧购物包

此款购物包小巧可爱，上面十字绣的数字也十分可爱。
表布上使用容易刺绣的原色亚麻布，里布使用印花布，
低调奢华。

设计者：田中智子
制作方法：P.26

附带漂亮的内口袋。提手和包口
的细带使用皮革，提升完美感。

LESSON 3

带刺绣数字的小巧购物包　P.25

成品尺寸：包口宽约35cm×高约15cm（不含提手）包底约12cm×约13.3cm

实物大纸型A面[C]（表布/里布、包底表布/包底里布、口袋表布/口袋里布）

<尺寸图>　※缝份均为1cm

• 紫色亚麻布或原色亚麻布（表布）
　方格亚麻布或利伯蒂印花棉布（里布）

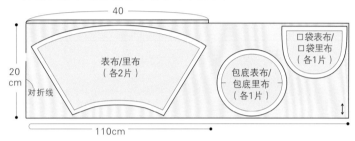

※表布除了背面的缝份，其余的地方都贴上薄黏合衬
※除了包底表布、包底里布，背面的缝份贴上厚黏合衬

<材料>

紫色亚麻布或原色亚麻布110cm×20cm
方格亚麻布或利伯蒂印花棉布110cm×20cm
薄黏合衬80cm×20cm
厚黏合衬30cm×15cm
0.9cm宽的皮革带　35cm　2根
0.3cm宽的绒面革细带　18cm　2根
铆钉（小）　8对
抽线十字布　适量
25号刺绣线　适量
打孔器（8号或10号）

※ 此处为了方便读者观看，可以用别的布来裁剪口袋表布。当然也可
　以用和表布一样的布
※ 为了方便读者观看，在此使用颜色醒目的线。在实际缝制的时候，
　请使用与布料颜色相配的线

● 十字绣

沿着布纹，做十字绣。横竖挑起的布纹
是一致的（左边图显示挑起竖线两根、
横线两根的刺绣图）。或者使用抽线十
字布。

●十字绣图案

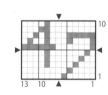 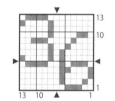

---

1. 制作表袋

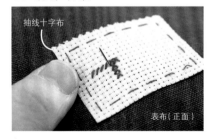  

1 在表布喜欢的位置处，放上比图案大一圈的抽线十字布，用25号刺绣线双股线做十字绣。

2 刺绣完成后，去除抽线十字布的线，即竖线按照竖方向、横线按照横方向一根根抽去。

3 把2块表布正面相对对齐，对齐侧边的缝合线用珠针固定。

4　在缝份1cm处缝合。起针处和收针处用回针缝缝合。

5　用熨斗熨开缝份。另一侧也按同样的方法缝制，分开缝份。

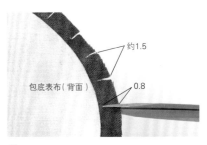

约1.5

包底表布（背面）

0.8

6　包底表布的缝份处每隔1.5cm剪出0.8cm长的牙口。表布下侧的缝份也同样制作。

疏缝线

7　把表布和包底表布正面相对对齐，首先穿入珠针，进行疏缝。此时疏缝是关键。

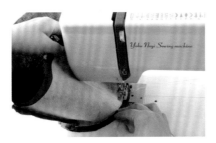

8　用缝纫机把表布和包底表布缝合在一起。把包底表布放在下面，立起表布，慢慢地压入针脚。

包底表布（背面）

表布（背面）

9　表布和包底表布缝合在一起，表袋制作完成。抽出疏缝线。分开缝份。

2．制作里袋

返口5cm

口袋表布（背面）

10　把口袋表布和口袋里布正面相对对齐，预留返口缝制。起针处和收针处进行回针缝。

11　剪去两角的多余缝份。下侧的曲线部位的缝份像步骤6一样剪牙口。

口袋（正面）

12　从返口翻到正面，用熨斗熨烫平整。

里布（正面）

口袋（正面）

13 在里布口袋位置处用珠针固定口袋，缝合除口袋口以外的地方。两角处缝制成三角形。

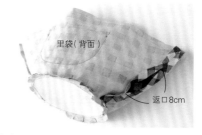

里袋（背面）

返口8cm

14 同表袋一样，缝合里袋两侧和包底处。不过，要在里袋一侧预留返口。里袋制作完成。

3. 缝合表袋和里袋

里袋（背面）

15 把表袋和里袋正面相对对齐，沿着袋口的完成线用珠针固定。

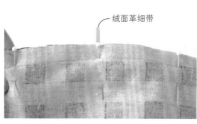

绒面革细带

16 此时，在中线处插入绒面革细带，用疏缝线进行假缝。

17 机缝袋口。从返口翻到正面。

18 翻到正面后的样子。

19 缝合里袋的返口。

20 主体制作完成。用熨斗熨平，使表袋和里袋贴合。

4. 安装提手

21 用打孔器在皮革带上打两个孔 (打孔位置参照纸型)。

22 在提手安装位置放上提手，在提手打孔位置画上记号。

23 沿着刚才画的两个记号处打孔。

24 在下面放上打孔台，从下依次放上铆钉头→提手→主体→铆钉脚，放在铆钉打孔器上，用小木锤安装铆钉。

25 两个铆钉安装后的情形。剩余的三处用同样的方法安装提手。

26 制作完成。

POINT

铆钉

铆钉由铆钉头和铆钉脚组成一对，是固定布料和皮革的五金类。有不同大小的尺寸。可以根据所制作物品的宽度和厚度来选择合适的大小。

铆钉头

铆钉脚

※ 图片显示的是双面铆钉

安装铆钉使用的工具

A　铆钉安装器　打入铆钉时使用的工具。很多情况下时是和铆钉配套的。

B　打孔器　打孔的工具。根据铆钉的尺寸，选择合适的孔眼尺寸。

C　打孔台　打入铆钉时，在低凹处嵌入铆钉时使用。

D　木板（橡胶板）　用打孔器打孔时所使用的作业台。可以防止冲击。

E　小木锤　安装小五金时使用。有橡胶制和木制等，尽量不伤害小五金的工具。

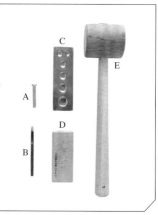

口金包

可以自由闭合的口金是口金包的亮点。

口金有许多尺寸和类型。

从小巧零钱包到小提手包，

可以用于多种用途。

提手紧紧地缝在包的正面和背面，内附口袋，非常实用。

11

带口袋的口金包

拥有宽宽的侧片和外口袋，是十分怀旧的口金包。统一了口金上的小球球与外口袋盖的颜色，是设计的一大亮点。

设计者：KUBODERA YOKO（dekobo 工房）
制作方法：P.68

12

口金零钱包

利伯蒂印花棉布搭配其他颜色的布料做成的非常时尚的零钱包。不需要侧片和褶皱，初次制作口金零钱包的话，推荐此款。

设计者：YOSIKO
制作方法：P.32

13

口金笔袋

使用横长口金的口金笔袋。也可装下小款眼镜。缝制侧片，制作成三角形的包身。因附带包底底垫，使作品显得十分精细。

设计者：YOSIKO
制作方法：P.69

12

13

LESSON 4

口金零钱包　P.31

成品尺寸：包口宽约10cm×高约9cm（含口金）

实物大纸型A面[F]（表布/里布、装饰布）

<材料>

绿色亚麻布30cm×15cm

粉红色亚麻布30cm×15cm

利伯蒂印花棉布20cm×10cm

极薄的黏合衬20cm×10cm

中厚的黏合衬70cm×15cm

口金7.8cm×4.4cm

纸绳

※ 为了方便读者观看，在此使用颜色醒目的线。在实际缝制的时候，
　请使用与布料颜色相配的线

<裁剪图>　　※（ ）内的数字指的是缝份的宽度，纸型全部包含缝份

• 绿色亚麻布（表布）/粉红色亚麻布（里布）

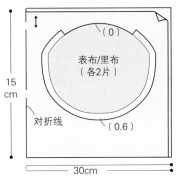

（0）

表布/里布
（各2片）

15cm

对折线　　　（0.6）

30cm

• 利伯蒂印花棉布

（0）

装饰布
（2片）

10cm

对折线　（0.6）

20cm

※表布和里布的背面全部贴上中厚的黏合衬

※装饰布的背面全部贴上极薄的黏合衬，除缝份以外的地方
　再贴上中厚的黏合衬

POINT

口金的部位名称

细槽

金属扣

扣环

高

铆钉

宽

安装口金使用的工具

A　剪刀　剪纸绳时使用。

B　小锥子　把包口塞入口金时使用的精细工具。

C　一字形螺丝刀　把包口或纸绳塞入金属卡口时使用的工具。

D　钳子　收紧口金两端时使用。收紧时可以在包包上面铺上垫布。

E　牙签　使黏合剂能够完全涂满在口金的细槽时使用。

F　胶水　使用管嘴比较小的胶水。

G　湿抹布　可以抹去溢出的胶水。

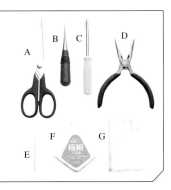

A B C D

F G

E

---

1. 缝合装饰布和表布

1　在装饰布的缝份处，机缝或手工疏缝一圈。

2　准备一张与装饰布尺寸大小一致的硬纸板，然后把它放在步骤1的装饰布上，一边往上拉紧线，一边把缝份向里折。

3　取下硬纸板，用熨斗熨烫装饰布，将弯曲处熨烫平整。

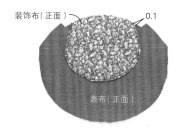

装饰布（正面）　0.1
表布（正面）

4　把装饰布放在表布上，距装饰布布边 0.1cm 处机缝（除上端裁剪处外）。

5　在上端裁剪处涂上薄薄的一层黏合剂，使装饰布和表布粘在一起。制作 2 片。

2. 制作表袋

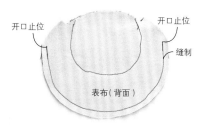

开口止位　　　开口止位
缝制
表布（背面）

6　把 2 片表布正面相对对齐，如图所示，从一侧的开口止位缝制到另一侧的开口止位。

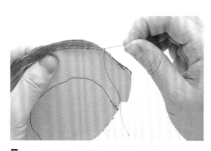

7　在曲线部位的缝份处机缝疏缝一圈，收紧上面的线，调整包形。

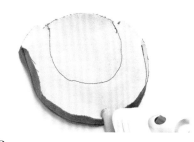

8　用熨斗熨开缝份。表袋制作完成。

3. 缝合表袋和里袋

表袋（背面）　　里袋（背面）

9　同步骤 6~8 的做法，制作里袋。

10　把里袋翻到正面。

里袋（正面）
表袋（背面）

11　把里袋放在表袋中，使正面相对对齐。

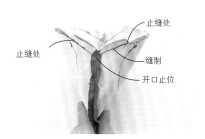

止缝处
止缝处　　　缝制
开口止位

12　使表袋和里袋的袋口对齐，用珠针固定。如图所示，从左边的止缝处缝制到开口止位，再缝制到右边的止缝处。另一侧也按照同样的方法缝制成 V 形。

里袋（正面）
表袋（背面）

13 从上边的开口处拉出里袋，把里袋和表袋都翻到正面。

表袋（正面）
里袋（正面）

14 把里袋放在表袋中，用熨斗熨烫平整。

15 在上面的开口处涂上薄薄的一层黏合剂，使表袋和里袋粘在一起。

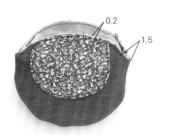

0.2
1.5

16 如图，包口两侧分别留出1.5cm，然后机缝。主体制作完成。

4．安装口金

17 把纸绳剪得比口金稍长一些，对折，然后在中心处标上记号。

18 用牙签把黏合剂涂抹在口金的细槽里。溢出的黏合剂用湿抹布擦掉。

19 把包口的中心处和口金的中心处对齐，用小锥子把包口塞进口金里。

20 把包口从中心处往两侧塞入，包口的两侧调整到铆钉位置处。

21 把纸绳的中心处和口金的中心处对齐，用小锥子把纸绳从中心处往两侧塞入口金里。

22 剪去多余的纸绳。

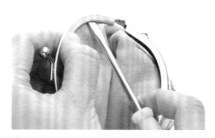

23 用一字形螺丝刀把翘在外面的纸绳塞进口金里。

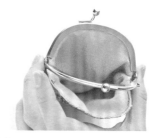

24 纸绳全部塞进口金里。等黏合剂晾干。

25 另一面的口金也按同样的方法先把黏合剂涂抹在细槽中，再把包口和口金的中心处对齐，用小锥子把包口塞进口金里。

26 从中心往两侧塞入。确认包口两端在口金的铆钉位置处。

27 另一侧口金也按同样的方法塞入纸绳。

5. 收紧两侧

28 把手指放在包包中，使包包鼓起。

29 用小钳子夹紧口金的四个角，可以在上面铺上一块小垫布，防止口金被剐伤。

去掉小垫布后的情形。用小钳子的尖头放在口金的边角处

30 制作完成。等黏合剂晾干后就可以使用了。

拉链小包

拉链小包非常实用，永远都不嫌多。有扁平形状的，也有侧片的鼓鼓包形。可以根据用途选择不同的包形。在拉链上可以加上一些小吊坠，不仅时尚，也更方便使用。

14

14

手拿小包

将四边形小包对折，就成了手拿包。可以改变包包正面和背面布料的颜色，或者加上玫瑰花形的小装饰物，稍微花一点心思，包包就会变得与众不同哟！

设计者：冈田桂子（flico）[14~17]
制作方法：P.70

15

16

糖 果 小 包

此款小包的形状类似于糖果，折叠布料来
制作侧片。两边的褶饰，让小包看起来像
糖果一样，十分可爱。

制作方法：P.72

17

带 绒 球 的 奶 糖 小 包

此款小包制作方法同作品16一样，横长的形状，
可以当作笔袋使用。制作简单，可随心搭配一
些小饰物。可以用包包剩余的布料制作一个小
蝴蝶结，然后缝在毛绒小吊坠上，十分可爱。

制作方法：P.73

15

L 形 迷 你 拉 链 小 包

此款迷你小包，可以放一些小物品，十分方便。
曲线部分可以先简单疏缝，然后再仔细缝合。
另外，包包上面还可以点缀一些星星形状的小
饰品，或者驯鹿徽章，童心满满哟！

制作方法：P.71

18

迷你版波士顿包

方便携带的迷你版波士顿包，方格图案，十分时尚。再加上侧片、拉链等设计，包包制作所需要的基本技巧都含在里面哟。

设计者：田中智子
制作方法：P.39

迷你版波士顿包

制作方法

迷你版波士顿包

成品尺寸：宽约22cm×高约11cm（不含提手）×侧片约10cm

< 裁 剪 图 >　※除指定以外，缝份均为1cm

• 方格亚麻布

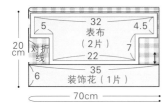

```
5   32   4.5
    表布
   （2片）  7
    22
   35
6  装饰花（1片）
70cm
20cm 对折线
```

• 原色绗缝布

```
32   4.5
里布
（1块）  11
6   22   6
         10
    11
    4.5
45cm   40cm
```

< 材 料 >

方格亚麻布70cm×20cm
黑色亚麻布50cm×20cm
原色绗缝布40cm×45cm
长约30cm的拉链1条
蕾丝带1cm×12cm

• 黑色亚麻布

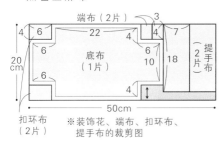

```
端布（2片）  3
4  6   22   4  4  7
   6        6  提手布
20cm 底布     6 （2片）
   （1片）    10  18
   6         4
   50cm
扣环布（2片）
※装饰花、端布、扣环布、
  提手布的裁剪图
```

< 制 作 方 法 >

1　缝合表布和底布。

2　把端布缝制在拉链的两端。

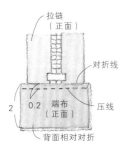

```
拉链（正面）
对折线
2  0.2  端布（正面）  压线
背面相对对折
```

3　把拉链缝在袋口处。

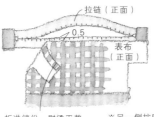

```
拉链（正面）
0.5
表布（正面）
折进缝份，熨烫平整
※另一侧按同样方法缝制
```

4　把表布正面相对折叠，缝制两端。

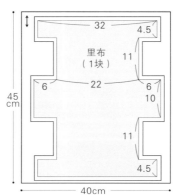

```
插入扣环布
缝制
表布背面
缝制
提前打开拉链
扣环布  4
6
2
在上面放上蕾丝带，然后压线
```

5　缝合两侧。

```
缝制
表布（背面）
缝份朝下
```

6　同表袋的方法缝制里袋。

※不缝拉链、扣环布

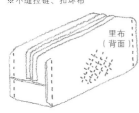

```
里布（背面）
```

7　把表袋和里袋背面相对对齐，卷针缝缝袋口。

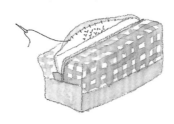

8　缝上提手和装饰花。

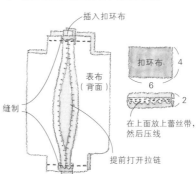
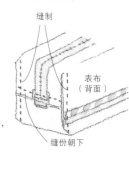
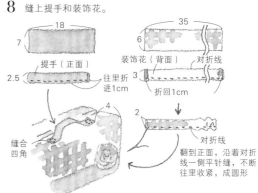

```
18
7   提手（正面）
2.5
缝合四角
4
35
6   装饰花（背面）  对折线
3  往里折进1cm
   折回1cm
2  对折线
翻到正面，沿着对折线一侧平针缝，不断往里收紧，成圆形
```

BOSTON BAG

波士顿包

此类波士顿包，不仅附带侧片来加宽包包宽度，同时，包口的拉链可以自由打开包包，十分实用。本章介绍基本款波士顿包，用一块布就可以制作完成的附带里布和口袋的经典款波士顿包。

19

基本款波士顿包

此款波士顿包的面料为帆布，即使没有里衬，也非常结实。而且使用了双开拉链，拿进拿出东西都十分方便。缝制在提手上的粗缝线也别具一格，十分时尚。

设计者：SONGBELL
制作方法：P.75

侧片制作可以参照 P.37 糖果小包。
制作简单，只需将帆布布料折叠后缝制即可。

适合日常或者短途旅行时使用的包包，用起来十分方便。
提手的长度还可以挂在肩膀上。

在拉链两端缝上薄皮革是一个亮点。在包口周围缝上了一整圈蕾丝带,显得更可爱。

20

水饺形波士顿包

简单的褶皱,梯形的包形,流露出女性气息的波士顿包。使用了苏格兰花格绗缝布,质地结实,十分休闲。

设计者:NANBATOMO
制作方法:P.43

LESSON 5

水饺形波士顿包　P.42

成品尺寸：包口宽约24cm×高约20cm(不含提手)×侧片约8cm

实物大纸型B面[J](表布/里布)

< 裁剪图 >　※(　)内的数字指的是缝份的宽度，除指定以外，缝份均为1cm

< 材料 >

• 方格花纹绗缝布

方格花纹绗缝布110cm×60cm
原色棉布110cm×40cm
长25cm的金属拉链　1根
蕾丝花边70cm
薄皮革3cm×4cm　2块
自己喜欢的标签

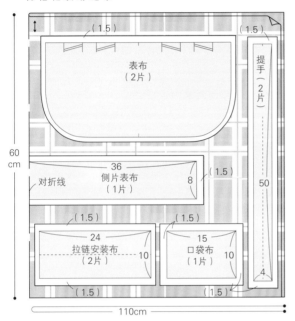

• 原色棉布

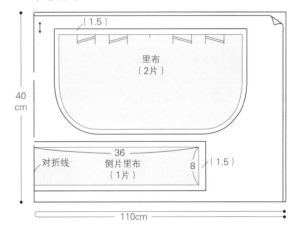

※ 为了方便读者观看，在此使用颜色醒目的线。在实际缝制的时候，
请使用与布料颜色相配的线

---

1. 缝合拉链安装布

1　把拉链安装布正面相对对折，用珠针固定两侧。缝制两侧。

2　翻到正面，整理好形状(四角使用小锥子整理)，边端压上针脚。按同样步骤制作另一片。

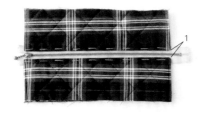

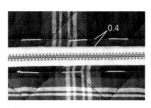

3　把拉链安装布的对折线的一侧和拉链重叠，疏缝固定。

4　在距布边 0.4cm 的地方机缝，拆掉疏缝线。

2．制作表袋

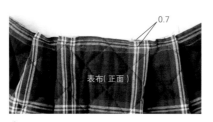

5　在表布上按照记号做褶皱，用珠针固定。图片显示的是从背面看到的情形。

6　在距布边 0.7cm 的地方缝制，疏缝褶皱线。按同样步骤制作另一片。

7　如图，把表布和侧片表布正面相对对齐，用珠针固定。

8　沿着完成线机缝。

9　另一侧也按同样的方法缝制。

10　翻到正面，整理包形，表袋制作完成。分开缝份。

3．制作提手

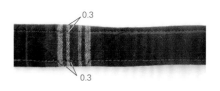

11　把提手折三折，用熨斗熨平。

12　在距布边0.3cm的地方机缝。

13　另一侧也同样机缝压线。

4．安装提手

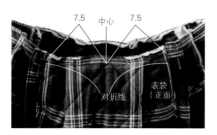

7.5　中心　7.5

对折线　表袋（正面）

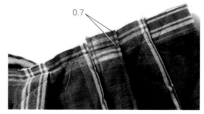

0.7

14　制作好的2根提手。

15　用珠针把提手固定在表袋的提手安装位置。注意提手对折线的那一侧要在内侧，不要扭歪了。

16　在距布边0.7cm的地方疏缝。

5．缝上拉链布

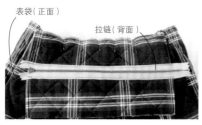

表袋（正面）
拉链（背面）

1.5

17　将拉链布与表袋的袋口正面相对对齐，用珠针固定。

18　在距袋口1.5cm的地方缝制。另一侧也按同样的方法缝制（拉开拉链缝制）。主体制作完成。

6. 制作口袋并安装

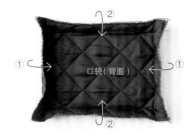

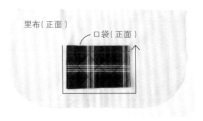

19 口袋布的四周进行Z字形锁边缝，在完成线处把缝份往里折。

20 机缝口袋口。

21 在里布的口袋位置缝上口袋。

7. 制作里袋

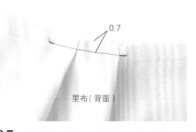

22 同表布一样，在里布上也折叠褶皱，用珠针固定。图片显示的是从背面看到的样子。

23 在距布边0.7cm处缝制，疏缝褶皱。

24 同表袋一样，缝合里布和侧片里布，里袋制作完成。分开缝份。

8. 缝上里袋

25 里袋袋口的缝份用熨斗往里折，与表袋背面相对，沿着袋口用珠针固定。

26 把里袋卷针缝缝在主体的袋口处。

9. 缝上标签

27 在表袋前面中间自己喜欢的位置，缝上标签。

28 把线头隐藏在标签的里侧。标签缝好的样子。

10. 缝上扣环

29 将对折的薄皮革夹着拉链边端，手缝在拉链上。从一端到另一端进行回针缝。

11. 缝上蕾丝花边

30 缝上扣环的样子。另一端也同样缝制。

31 在包袋袋口边包缝一圈蕾丝花边。止缝处的蕾丝边端往里折回1cm，剪去多余部分。

32 制作完成。

POINT 本书中使用的拉链及拉链部位名称

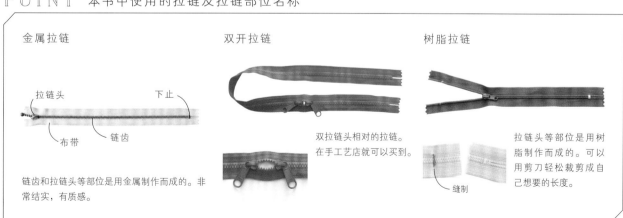

金属拉链

拉链头　　　　　下止
布带　　链齿

链齿和拉链头等部位是用金属制作而成的。非常结实，有质感。

双开拉链

双拉链头相对的拉链。在手工艺店就可以买到。

树脂拉链

拉链头等部位是用树脂制作而成的。可以用剪刀轻松裁剪成自己想要的长度。

缝制

SHOULDER BAG

挎肩包

这是款旅行或者外出时使用起来很方便的挎肩包。

肩带既可以买现成品，也可以用布料或皮革来手工制作。不同的选择，凸显不同的个性。

22

方格迷你挎肩包

这款羊毛布料做的方格迷你挎肩包，包口及肩带使用皮革，里面再贴上黏合衬，十分结实耐用。

设计者：NANBATOMOKO
制作方法：P.49

制作方法

方格迷你挎肩包

成品尺寸：包口宽约28cm×高约23cm(不含提手)×侧片约8cm

实物大纸型B面[K](表布/里布、包底表布/包底里布)

< 裁剪图 >　※( )内的数字指的是缝份的宽度，除指定以外，缝份均为1cm

• 方格花纹羊毛布(表布)

　茶色棉布(里布)

< 材料 >

方格花纹羊毛布 80cm×30cm
茶色棉布 80cm×30cm
中厚黏合衬 80cm×30cm
薄皮革 6cm×2cm 2片
带龙虾扣的皮革提手 2.4cm×60cm 1根
磁扣 1对

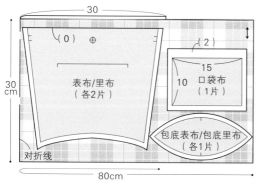

※表布的背面全部贴上黏合衬
※口袋可以裁剪方格花纹羊毛布来制作

< 制作方法 >

1　把薄皮革疏缝在表布上。

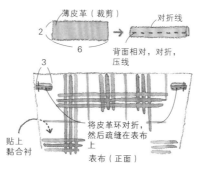

2　将2块表布正面相对对齐，缝制两侧。

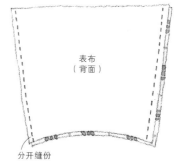

3　将表布和包底表布正面相对，然后缝合。

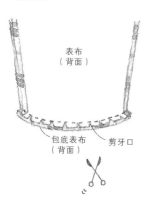

4　在里布上安装上口袋和磁扣。
　按照同表袋一样的方式缝制。

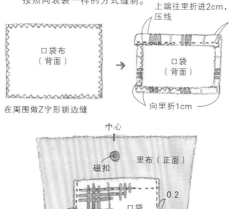

5　将里袋放进表袋中，使背面相对重叠。用薄皮革包裹袋口。

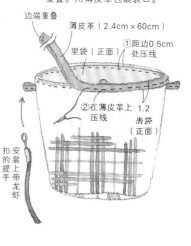

21

皮革四股辫肩带的挎肩包

引人注目的素雅植物花纹挎肩包。
大大的包包，配上纤细的肩带，构思巧妙。此处
选用手工编织的皮革肩带，令人爱不释手。

设计者：奥山千晴
制作方法：P.51

制作方法

皮革四股辫肩带的挎肩包

成品尺寸：包口宽约38cm × 高约37cm（不含装饰带、圆环、肩带）× 侧片约14cm

＜裁剪图＞ ※缝份均为1cm

• 印花棉布（表布）
  条纹棉布（里布）

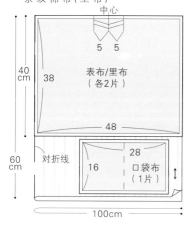

中心

5　5

40cm

38　表布/里布（各2片）

48

对折线

60cm

28

16　口袋布（1片）

100cm

• 粉红色棉布（表布）
  白色亚麻布（里布）

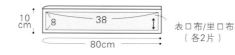

10cm

8　38

80cm

表口布/里口布（各2片）

＜材料＞

印花棉布100cm×40cm
粉红色棉布80cm×10cm
条纹棉布100cm×60cm
白色亚麻布80cm×10cm
1.2cm宽的装饰带12cm 2根
直径2.5cm的圆环 2个
0.3cm宽的皮革绳（茶色）80cm 8根
0.3cm宽的皮革绳（白色）100cm

＜制作方法＞

1 在表布上制作褶皱。

中心
2.5　2.5
疏缝

2 把表布和表口布正面相对对齐，缝制。

表口布（背面）　1
表布（正面）
→
表口布（正面）
表布（正面）

3 缝制表袋。

分开缝份
①缝制侧边
表布（背面）
7　7
1
③剪去多余的缝份
②缝制侧片

4 把口袋缝在里布上，按照和表布同样的方法缝制里袋。

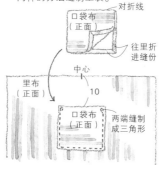

口袋布（正面）
对折线
往里折进缝份
中心
里布（正面）　10
口袋布（正面）
两端缝制成三角形

5 把表袋和里袋背面相对，把里袋放进表袋里，使装饰带夹在其中，然后缝合袋口。

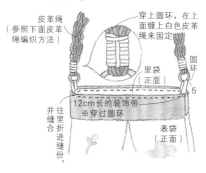

皮革绳（参照下面皮革绳编织方法）
穿上圆环，在上面缠上白色皮革绳来固定
里袋（正面）
圆环
5
12cm长的装饰带 ※穿过圆环
并往里折进缝份
表袋（正面）

皮革绳肩带的编织方法

B　C
A　　D

1 将8根80cm的皮革绳排列整齐，上端用透明胶带固定，2根为1组进行编织。

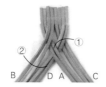

②　①
B　D A　C

2 最左端的绳子A放在B的下面，往右移动（①）。然后，把最右端的绳子D放在C的上面，往左移动（②）。

①
B　　　A
D A　　

3 反复重复步骤2的操作进行编织。

D　　　A
C　②　B

4 不断重复编织到末尾。编织结束后用胶带固定。

23

埃菲尔铁塔图案挎肩包

随意画出的刺绣图案，再搭配上可爱的贴布，
能让你充分体会到手工制作的乐趣。

设计者：远藤亚希子
制作方法：P.53

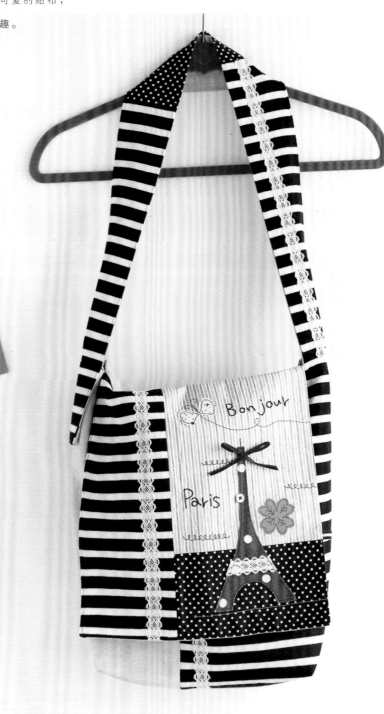

打开包盖，里面还有一个十
分小巧可爱的小口袋。
横条纹搭配上小圆点图案的
布料，妙趣横生。

LESSON 6

埃菲尔铁塔图案挎肩包　P.52

成品尺寸：包口宽约40cm × 高约37cm(不含提手) × 侧片约14cm

实物大纸型 B 面 [L](贴布与刺绣图案)

＜裁剪图＞　　※( )内的数字指的是缝份的宽度，除指定以外，缝份均为1cm

• 横条纹针织布

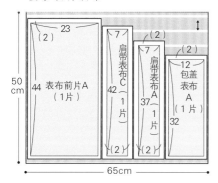

• 原色亚麻布

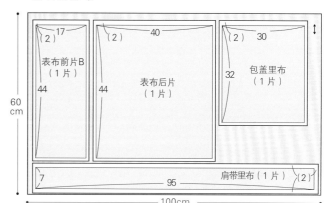

• 小圆点图案棉布

※横条纹针织布的反面全部贴上厚黏合衬
※表包盖B、C的反面全部贴上薄黏合衬

• 横条纹棉布　　　　　**• 竖条纹棉布**

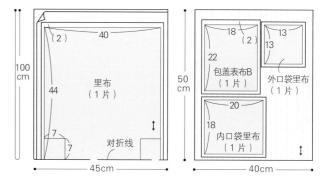

＜布料拼接方法＞

• 主体表布前片　　**• 包盖**

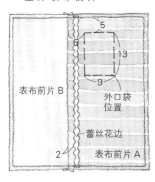
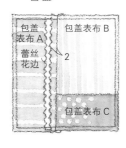

• 提手

＜材料＞

原色亚麻布 100cm × 60cm
横条纹针织布 65cm × 50cm
小圆点图案棉布 70cm × 20cm
横条纹棉布 45cm × 100cm
竖条纹棉布 40cm × 50cm
蕾丝花边 2cm × 130cm
厚黏合衬 65cm × 50cm
薄黏合衬 40cm × 25cm
贴布用布(可根据个人喜好)、奇异衬、装饰丝带　各适量
25号刺绣线(黑色、粉红色)　各适量
自己喜欢的蝴蝶结、纽扣　各适量

※ 为了读者方便观看，在此使用颜色醒目的线。在实际缝制的时候，请使用与布
料颜色相配的线

1. 制作表布前片

1 把表布前片 A 和 B 正面相对对齐，分开缝份。

2 沿着蕾丝花边的边端，用缝纫机的粗针缝上蕾丝花边。可以使用小锥子来送布，这样缝得更快。

3 蕾丝花边缝制后的情形。表布前片制作完成。

2. 制作外口袋

 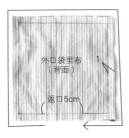 

4 在外口袋表布蕾丝花边安装位置缝上蕾丝花边。

5 把外口袋表布和外口袋里布正面相对对齐，在下侧预留出 5cm 的返口，缝制四周。

6 从返口处把外口袋翻到正面，在距两侧边 1cm 和 2cm 处分别用画粉笔画线。此线为制作口袋侧片的标记线。

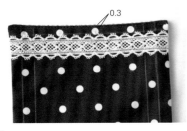 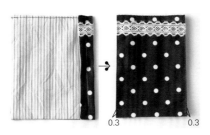 

7 在口袋口机缝压线。

8 沿着两侧边 2cm 的画线把两端往里折，然后机缝边端。

9 沿着 1cm 处的线往里折，然后用熨斗熨烫定型。

3. 把外口袋安装在表布前片上

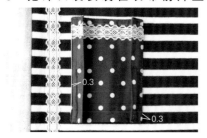

10 在外口袋的侧片是打开的状态时，用珠针把它固定在表布前片外口袋位置上，然后缝制两侧。

11 折叠侧片部分，缝制口袋下侧。

12 距口袋口两侧0.5cm处用刺绣线（3股一根）来回缝制三次，加以固定。

4. 制作表袋

13 把表布前片和表布后片正面相对对齐，缝合除了袋口以外的三边。分开缝份。

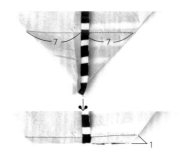

14 底线和侧边线对齐，把侧片部分折叠成三角形，在左右宽度分别为7cm处压上针脚（侧片宽为14cm）。预留1cm的缝份后，剪去多余的部分。把表袋翻到正面，制作完成。

5. 制作包盖

15 把包盖表布B和包盖表布C正面相对缝合，分开缝份（①），然后再与缝制上蕾丝花边包盖表布A正面相对缝合，分开缝份（②）。

16 在贴纸上描画上埃菲尔铁塔的图案，然后裁剪出比图形稍大一点的图案。

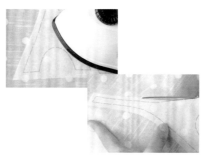

17 把贴纸放在贴布的背面，用熨斗熨烫平整，沿着图案把布裁剪下来。

18 撕下贴纸的剥离纸，把它放在包盖表布上。

19　用熨斗轻轻熨烫一下，固定贴布。熨烫时避开放置蕾丝花边的部分。

20　把蕾丝花边放在埃菲尔铁塔图案的贴布上，两端往里折，缝在贴布上。用熨斗仔细地熨烫，使贴布固定在包盖表布上。

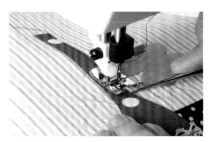

21　如图，在贴布的布边处机缝。蝴蝶的触角和四叶草叶脉处可自由发挥，压线。用手工缝制也可以。

22　使用画粉纸（或复写纸），把需要刺绣的文字描画在包盖表布上。用刺绣线（3股一根）做轮廓绣。

23　贴布和刺绣制作完成。然后再缝上蝴蝶结和纽扣。

24　将4cm的装饰丝带对折，把对折线一侧当作里侧，然后疏缝在包盖表布B和C的交界处。

6.制作肩带

25　将包盖表布和包盖里布正面相对对齐，如图所示，缝制三边。翻到正面，在边端处机缝，包盖制作完成。

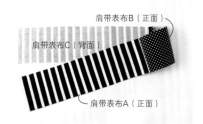

26　把肩带表布A、B、C分别留出1cm的缝份后缝合在一起，然后分开缝份。

27　把蕾丝花边缝在肩带表布A上（蕾丝花边一端往里折进1cm），肩带表布A除了短边以外缝份都往里折进1cm，然后和肩带里布背面相对缝合（机缝一端）。

LESSON 6
埃菲尔铁塔
图案挎肩包

7. 疏缝包盖和肩带

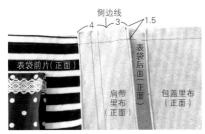

侧边线
4 3 1.5
表袋前片(正面)
肩带里布(正面)
表袋后面(正面)
包盖里布(正面)

28 把肩带(A侧)和包盖疏缝在表袋上。包盖缝制在表袋后片左右中间处,肩带缝制在图所示的位置,缝合时都与包包正面相对对齐。

8. 制作里袋

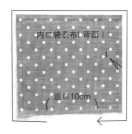

内口袋表布(背面)
1
返口10cm

29 把内口袋表布和内口袋里布正面相对对齐,预留出返口,缝制四边。从返口处把内口袋翻到正面,口袋口处机缝上折边。

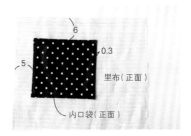

6
5
0.3
里布(正面)
内口袋(正面)

30 把内口袋放在里布的指定位置,缝合除了口袋口以外的三边。

9. 缝合表袋和里袋

里布(背面)
返口15cm
1
对折线

31 把里布正面相对对折,预留出返口,缝制除了袋口以外的三边。同步骤14一样,制作侧片。

2
里袋(背面)

32 把表袋放进里袋内,使其正面相对对齐。然后缝合袋口。

33 从返口处把包翻到正面,缝合返口。

10. 缝制肩带边端

0.3

34 把里袋放进表袋中,包口处(后面连同包盖部分一起)机缝。

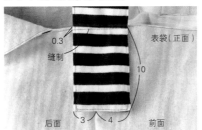

0.3
缝制
表袋(正面)
10
后面 3 4 前面

35 把肩带C侧缝在图片所示的指定位置。

36 制作完成。

BAG IN BAG

包中包

对经常换包的女性来说，包中包是必要的单品。

我们每天只需整理好要用的包中包，就可以出门了，十分方便。

24

附带小包袋的包中包

内置小包袋和多个小口袋，使用十分方便的基础款包中包。可以根据自己的需要，改变包内前后口袋的宽度，创造出不同的风格。

设计者：冈田桂子（flico）
制作方法：P.76

附带暗扣的口袋，可以随意取出。
把它安装在包内，可以使包内空间区隔更细致，收纳能力也更完善。

也可以把它挂在草织筐或包的提手处，当作包中包来使用。

25

折叠式包中包

大胆的图案让此款包中包看起来十分迷人，富有
个性。
拉开侧面的拉链，可以折叠成小方块。旅行时携
带起来非常方便。

设计者：冈田桂子（flico）
制作方法：P.78

内口袋的袋口处加上松紧带，可以防止里面
的东西掉出来。
袋口处可以用 D 形环固定，扣起来也十分方便。

外口袋前后用的是一块布料。
再缝制上包底和提手，制作完成。

折叠方法

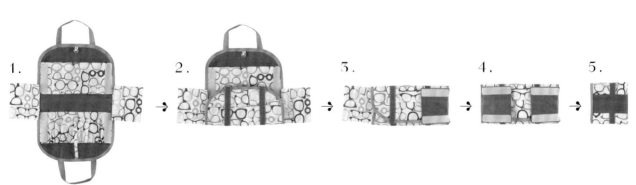

1.　→　2.　→　3.　→　4.　→　5.

手作包制作的基础

● 手作包制作的必要工具

※ 机缝针、剪刀、珠针、直尺、画线笔

缝纫机
可以直线缝，并能 Z 字形锁边缝的缝纫机即可，一般家庭用缝纫机就可以。

机缝针
一般质地的布料用 11 号针，帆布等质地较厚的布料用 14 号针。缝制皮革的话，使用皮革用针。

机缝线
一般质地的布料用 60 号线，较厚质地的布料用 30 号线。颜色选用和布料相配的颜色，也可以选择醒目的颜色作修饰。

剪刀
准备裁布用的剪刀和剪线用的剪刀。

珠针
缝制 2 片以上的布料时，为了使上下对齐，可以用珠针固定布料。

直尺
在描画纸型或者测量长度的时候使用。5mm 为单位的方格直尺使用起来非常方便。

画线笔
画线笔是在布上画记号时使用。有水洗可以洗掉的画线笔，也有时间一长可以自然消失的画线笔。

熨斗
在折缝份，或者需要把包形熨烫平整时使用。在熨烫立体包形的包包时，使用带手把的熨斗，会比较方便。

● 手作包缝纫语

[开口止位]
缝制处和开口处的交界处。

[粗缝]
在折叠褶皱缝制时，针脚的间距比较宽。

[返口]
当缝制完成后，为了能把包翻到正面，留下不缝制的部分。

[疏缝]
在用缝纫机缝制之前，手工疏缝的意思。

[褶皱]
布料折出的褶儿。

[贴边]
为了处理、加固布边而贴在里侧的布。

[正面相对、背面相对]
两块布正面相对对齐，称为"正面相对"；两块布背面相对对齐，称为"背面相对"。

[滚边]
用滚边布把布边包裹起来，可用于处理布或者装饰布边。

[对折线]
把布料对折时的折痕边。

[分开缝份]
用熨斗把缝份左右分开。

● 手作包各部位名称

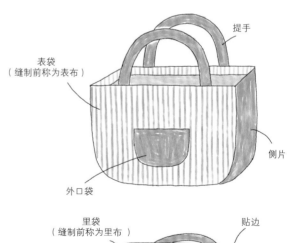

提手

表袋
（缝制前称为表布）

侧片

外口袋

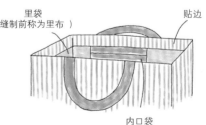

里袋
（缝制前称为里布）

贴边

内口袋

● 布 的 各 部 分 名 称

裁剪布时，需要了解布的布纹方向和布的各部分名称。

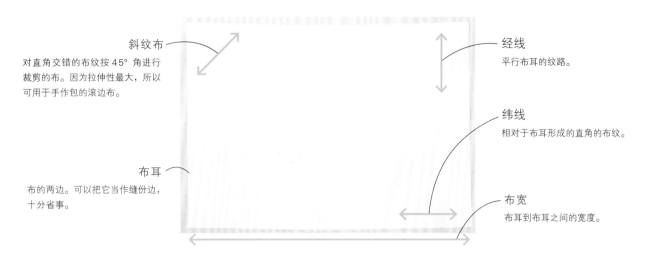

斜纹布
对直角交错的布纹按45°角进行裁剪的布。因为拉伸性最大，所以可用于手作包的滚边布。

布耳
布的两边。可以把它当作缝份边，十分省事。

经线
平行布耳的纹路。

纬线
相对于布耳形成的直角的布纹。

布宽
布耳到布耳之间的宽度。

● 整 布 的 方 法

为了防止布料缩水，在裁剪前，需要过一下水。先把布料放在水里浸泡1小时，然后稍微脱去水分，阴干。接着在半干的状态下，整理布的直角处，从背面一边压着使其不延伸，一边用熨斗熨烫平整。

● 纸 型 的 描 绘

从附带的实物大纸型中，选择想制作的作品的纸型，描写在薄纸（如硫酸纸）上。附带的实物大纸型，不含缝份，所以裁剪时请参考裁剪图，加上缝份的宽度。只有直线设计的部分，不需要制作纸型，所以只需要参考裁剪图上的尺寸，在布料上直接画上直线然后裁剪。

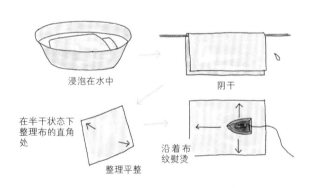

浸泡在水中

阴干

在半干状态下整理布的直角处

整理平整

沿着布纹熨烫

用画线笔画线

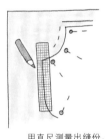

用直尺测量出缝份，标上记号

● 实 物 大 纸 型 的 记 号 在描绘纸型时，请参照以下记号。

布纹线
与布耳平行的竖线布纹。

褶皱
线和线缝合时所形成的立体的地方。

完成线
制作完成时的缝合线。

褶皱
把布料从斜线高处折进低处，制作出褶皱。

对折线
将布料对折后的折痕，即折边处。

褶裥
粗缝后，收紧线后形成的褶。

对齐记号
缝2块以上的布时，为了不让布错位而做的记号。

纽扣
缝纽扣的位置。

● 黏 合 衬 的 介 绍

在布料的里侧贴上黏合衬，可以加强布料的结实度，也可以防止包包变形，还能增强布料张力。黏合衬大致可以分成织布类型、无纺布类型及针织类型三大类。可以根据布料及用途的不同选择合适的黏合衬。

黏合衬（服装）

有伸缩性的针织黏合衬，具有非常柔软的质感。此款黏合衬从薄到厚，应有尽有，用途广泛。

假黏合衬

没有伸缩性的非织布类型。使用时可以不用考虑布料的布纹，所以一般都不会被浪费。

黏合衬（提包）

棉纱混纺的针织类型，非常适合棉布。制作线条柔软的包包时可以使用此款黏合衬。

质地坚硬的黏合衬

质地坚硬的无纺布类型。可用于加强包包的硬挺度，如加强包底的硬度。

● 黏 合 衬 的 粘 贴 方 法

在布料的里侧贴上粘有黏胶的黏合衬，然后用熨斗的热度使其粘贴在布料上。在贴黏合衬的时候，再垫上衬布，然后熨烫。为了使每个部位都熨烫到，如图所示，需要一点一点横向移动熨斗，从上到下全部熨烫。为使黏合衬牢固地贴在布料上，冷却之前，请不要随意动黏合衬。

● 机 缝 针 、 机 缝 线 的 介 绍

根据布料的不同，使用不同的机缝针和机缝线。一般普通质地的布料的话，使用60号机缝线、11号机缝针。帆布及呢制等质地厚的布料，使用30号机缝线、14号机缝针。起针和收针处都要回针缝，以防线头散开。

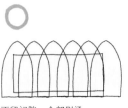

不留间隙，全部熨烫

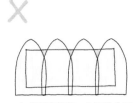

如果留有间隙，之后黏合衬会从布料上脱落下来，所以一定要注意

< 正确的针脚 >

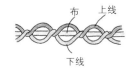

布 上线

下线

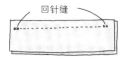

回针缝

● 缝 制 技 巧 要 点　　在此介绍本书中常用的缝制技巧要点。

折三折

1 两端的缝份往里折叠。

2 在中心处对折。然后在两端机缝。可以制作成提手使用。

返口的处理

1 把返口的两端对齐。

2 用卷针缝的方式(把布边往里卷)缝制，注意把针脚藏起来。

制作方法

散步手提包 P.14

成品尺寸：宽约25cm×高约15cm（不含提手）×侧片约5cm

<材料>

圆点图案（大）棉布 30cm×45cm

圆点图案（小）棉布 55cm×45cm

条纹棉布 20cm×15cm

黏合衬 32cm×40cm

1.2cm宽的棉带 4cm

<尺寸图>

・圆点图案（大）棉布

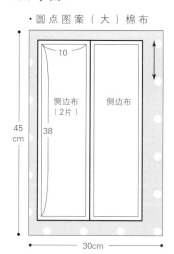

30cm

・圆点图案（小）棉布

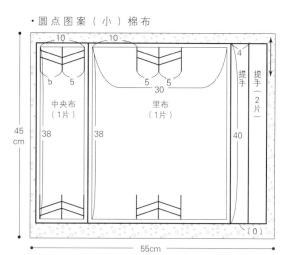

55cm

・条纹棉布

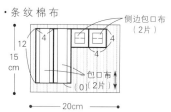

20cm

※（ ）内的数字指的是缝份的宽度，除指定以外，缝份均为1cm
※缝合侧边布和中央布后，在布料的背面全部贴上黏合衬

1 缝合侧边布和中央布，然后剪去四角

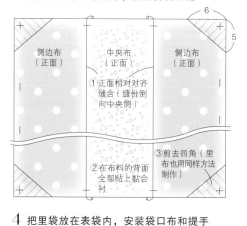

①正面相对对齐缝合（缝份倒向中央侧）

②在布料的背面全部贴上黏合衬

③剪去四角（里布也用同样方法制作）

2 在袋口的中央处折叠褶皱

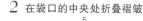

折叠褶皱

用Z字形锁边缝疏缝

※另一侧也用同样的方法制作
※里袋也用同样的方法制作

3 缝制两侧边，做出下角线侧片

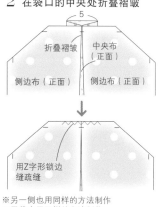

正面相对

对折线

长4cm

①包底中心处正面相对对折叠，在侧边夹上对折的棉带，然后缝制两侧边（缝份倒向一侧）

②缝制包底下角线，做出侧片

※里袋也按同样的方式缝制两侧边、下角线，做出侧片

4 把里袋放在表袋内，安装袋口布和提手

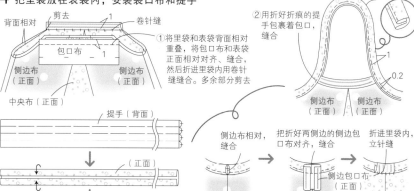

①将里袋和表袋背面相对重叠，将包口布和表袋正面相对对齐、缝合，然后折进里袋内用卷针缝缝合。多余部分剪去

②用折好折痕的提手包裹着包口，缝合

侧边布相对缝合

把折好两侧边的侧边包口布对齐，缝合

折进里袋内，立针缝

<完成图>

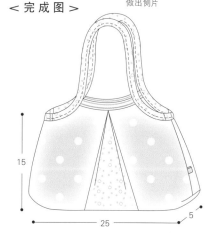

15

25

5

红色提手亚麻布托特包
P.2

成品尺寸：袋口宽约48cm × 高约35cm（不含提手）× 侧片约16cm

＜材料＞

带红边亚麻布 108cm × 110cm
红色亚麻布 108cm × 70cm
黏合衬 105cm × 50cm
双面胶 适量

＜裁剪图＞

・带红边亚麻布

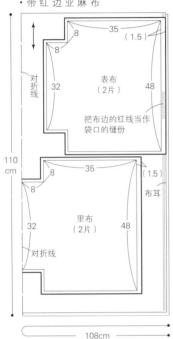

35
8 (1.5)
8
32 表布（2片） 48
把布边的红线当作袋口的缝份
对折线

110cm

35
8 (1.5)
8 布耳
32 里布（2片） 48
对折线

108cm

・红色亚麻布

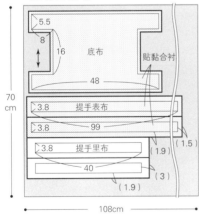

5.5
8
16 底布 贴黏合衬
48
3.8 提手表布
3.8 99
3.8 提手里布 (1.9)
40 (3)
(1.9)

70cm

108cm

※（ ）内的数字指的是缝份的宽度，除指定以外，缝份均为1cm
※底布和提手表布的背面全部贴上黏合衬

1 折叠袋口并缝合，然后安装提手

①将袋口朝外侧折二折并缝制

②将提手的表布、里布的缝份折进里侧，然后夹着表布，对齐缝合

1
6
0.5
31
5.5

在中心处贴上双面胶，疏缝固定一下

表布（正面）

提手与包袋重合处用缝纫夹固定缝合

16

提手表布（正面）

2 缝制底部，然后与底布重合，缝在一起

②将底布的缝份折进里侧，然后与表布重合，缝制在一起

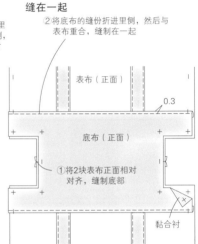

表布（正面）

0.3

底布（正面）

①将2块表布正面相对对齐，缝制底部

黏合衬

3 缝合两侧边，缝制底部的侧片

①将表布正面相对，缝合两侧边，然后分开缝份

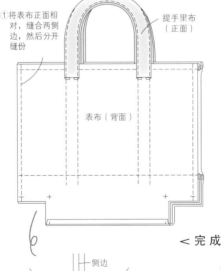

提手里布（正面）

表布（背面）

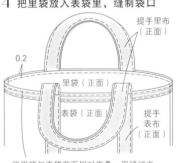

侧边
8 8
底部

②缝制底部的侧片

※里袋也按同样的方式缝合两侧边，缝制包底侧片，把袋口预先折成完成图的样子

4 把里袋放入表袋里，缝制袋口

提手里布（正面）

0.2

里袋（正面）

表袋（正面）

提手表布（正面）

将里袋与表袋背面相对重叠，用缝纫夹固定袋口，缝合袋口

＜完成图＞

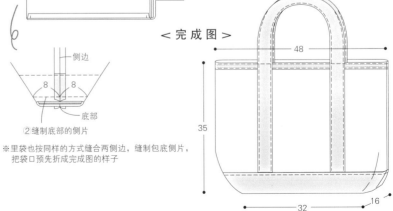

48
35
32 16

两用条纹托特包
P.3

成品尺寸：包口宽约48cm×高约35cm（不含提手）×侧片约16cm

＜材料＞

条纹图案的11号帆布 111cm×120cm

藏青色11号帆布 55cm×35cm

蓝色棉麻法式亚麻布 95cm×55cm

黏合衬 55cm×95cm

直径1.3cm的按扣 1组

＜裁剪图＞

• 条纹图案的11号帆布

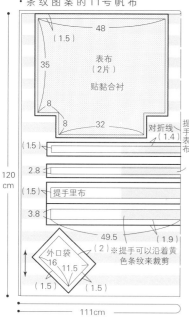

48
(1.5)
35
表布（2片）
贴黏合衬
8
8   32
对折线（1.4）
提手表布
(1.5)
2.8
(1.5) 提手里布
3.8
49.5 (1.9)
（2）※提手可以沿着黄色条纹来裁剪
外口袋
16 11.5
(1.5)   (1.5)
120cm
111cm

• 蓝色棉麻法式亚麻布

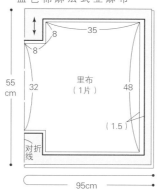

35
8
8
里布（1片）
55 cm
32
48
(1.5)
对折线
95cm

• 藏青色11号帆布

5.5
8
16
底布（1片）
48
35 cm
55cm

※（　）内的数字指的是缝份的宽度，除指定以外，缝份均为1cm

※表布的背面全部贴上黏合衬

1 制作提手

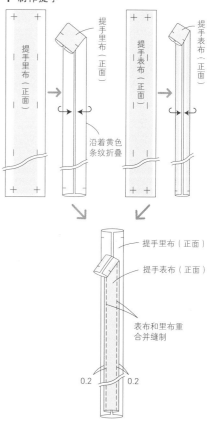

提手里布（正面）
提手里布（正面）
提手表布（正面）
提手表布（正面）
沿着黄色条纹折叠

提手里布（正面）
提手表布（正面）
表布和里布重合并缝制
0.2   0.2

2 安装外口袋、提手，缝制底部，拼接上底布

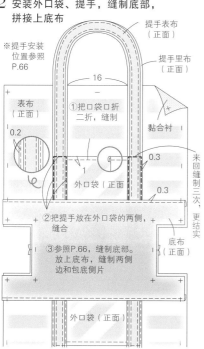

※提手安装位置参照P.66

提手表布（正面）
提手里布（正面）
16
表布（正面）
①把口袋口折二折，缝制
0.2
黏合衬
1
0.3
外口袋（正面）
0.3
来回缝制三次、更结实
②把提手放在外口袋的两侧，缝合
③参照P.66，缝制底部。放上底布，缝制两侧边和包底侧片
底布（正面）
外口袋（正面）

3 把里袋放入表袋里，缝制袋口，安装上按扣

※里袋的话，缝合两侧边，缝制底部侧片，用缝纫夹固定，缝制袋口

①将里袋与表袋背面相对重叠，用缝纫夹固定袋口，缝合袋口

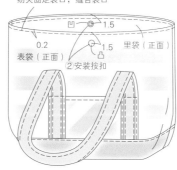

凹 1.5
0.2
凸 1.5
表袋（正面） 里袋（正面）
②安装按扣

＜完成图＞

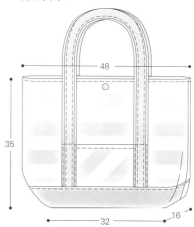

48
35
32   16

带口袋的口金包
P.30

成品尺寸：宽约23cm×高约23cm（不含提手）×侧片约9cm
实物大纸型B面[H]（表布/里布、侧片表布/侧片里布、外口袋、贴边、外口袋盖）

<材料>

圆点图案的棉布 80cm×50cm
芥末色棉布 25cm×10cm
方格花纹的棉布 70cm×50cm
黏合衬 70cm×50cm
口金 25cm×9cm（INAZUMA BK-2420AG·带圆球 CT-18）1副
合成皮革提手（带内衬皮革）1组
黏合剂、纸绳适量

<裁剪图>

·圆点图案的棉布

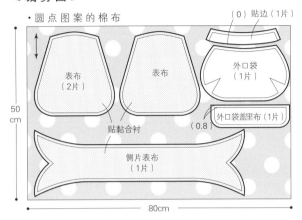

（0）贴边（1片）
表布（2片）
表布
外口袋（1片）
50cm
贴黏合衬
（0.8）
外口袋盖里布（1片）
侧片表布（1片）
80cm

·方格花纹棉布

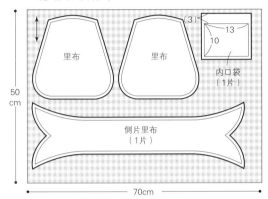

里布
里布
（3）
13
10
内口袋（1片）
50cm
侧片里布（1片）
70cm

·芥末色棉布

（0.8）
外口袋盖表布（1片）
10cm
25cm

※（）内的数字指的是缝份的宽度，除指定以外，缝份均为1cm
※表布和侧片表布的反面全部贴上黏合衬

1 制作外口袋、外口袋盖，缝在前面

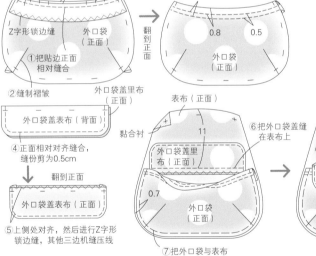

贴边（背面）
正面相对
剪牙口
Z字形锁边缝
①把贴边正面相对缝合
②缝制褶皱
外口袋（正面）
③在口袋口处压线
0.8　0.5
外口袋（正面）

外口袋盖里布（正面）
外口袋盖表布（背面）
黏合衬
④正面相对对齐缝合，缝份剪为0.5cm
翻到正面
外口袋盖表布（正面）
⑤上处对齐，然后进行Z字形锁边缝，其他三边机缝压线

表布（正面）
11
外口袋盖里布（正面）
⑥把外口袋盖缝在表布上
0.7
外口袋（正面）
⑦把外口袋与表布重合，疏缝固定

⑧避开外口袋，缝合外口袋盖两端
前面表布（正面）
0.8　　0.8
外口袋盖（正面）
外口袋（正面）

2 把内口袋安装在里布上

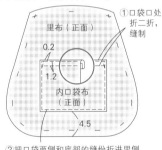

里布（正面）
①口袋口处折二折，缝制
0.2
1.2
内口袋布（正面）
4.5
②把内口袋两侧和底部的缝份折进里侧，缝在里布上

<完成图>

3 缝合表布和侧片表布

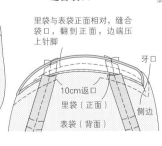

表布（背面）
侧片表布（背面）
侧片表布和表布正面相对对齐缝合，分开缝份（另一侧也同样）
剪牙口
※里布也按同样方法操作

4 把里袋放进表袋里，缝合袋口

里袋与表袋正面相对，缝合袋口，翻到正面，边端压上针脚

牙口
10cm返口
里袋（正面）
侧边
表袋（背面）

5 安装口金、提手

①把黏合剂涂抹在口金的细槽里，塞入包口后，再塞入纸绳，晾干后，闭合口金
※参照P.34、35

里袋（正面）
内衬皮革
6
②安装提手

约23
约23
9

口金笔袋
P.31

成品尺寸：宽16.5cm×高4.5cm×侧片约4cm

实物大纸型A面[G](表布/里布、装饰布)

＜材料＞

绿色亚麻布 25cm×15cm
粉红色亚麻布 25cm×25cm

利伯蒂印花棉布 20cm×10cm
中厚的黏合衬 25cm×40cm
极薄的黏合衬 20cm×10cm
口金 16.3cm×3.3cm 1个
厚1mm的底板用的聚酯纤维棉芯(或硬纸板) 4cm×16cm
1.5cm宽的蕾丝花边、0.4cm宽的丝带各12cm
直径为0.5cm的圆环1个 带扣眼的圆环1个 纸绳适量

＜裁剪图＞

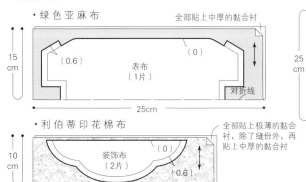

• 绿色亚麻布 ・・・ 全部贴上中厚的黏合衬
15cm / 25cm
表布（1片）（0.6）（0）对折线

• 利伯蒂印花棉布 ・・・ 全部贴上极薄的黏合衬，除了缝份外，再贴上中厚的黏合衬
10cm / 20cm
装饰布（2片）（0）（0.6）

• 粉红色亚麻布
25cm / 25cm
底垫布（1片）4 / 16 对折线 只有包袋内布贴中厚的黏合衬
里布（1片）（0.6）（0）对折线

※（ ）内的数字指的是缝份的宽度，除指定以外，缝份均为1cm
※底板用的聚酯纤维棉芯（或硬纸板）是3.8cm×15.8cm（裁剪尺寸）
※表布和里布的背面全部贴上中厚的黏合衬
※装饰布的背面贴上极薄的黏合衬，缝份以外的地方再贴上中厚的黏合衬

1 把装饰布缝在表布上

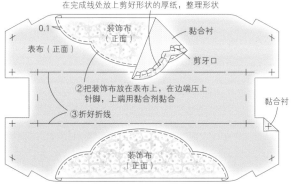

①装饰布边剪牙口，用平针缝缝制曲线部分，拉紧线。在完成线处放上剪好形状的厚纸，整理形状
0.1 装饰布（正面）黏合衬
表布（正面）剪牙口
②把装饰布放在表布上，在边端压上针脚，上端用黏合剂黏合
③折好折线
装饰布（正面）

2 缝合两侧边，缝制包底侧片

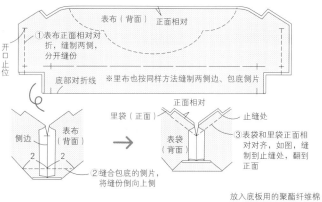

表布（背面）正面相对
①表布正面相对折，缝制两侧，分开缝份
※里布也按同样方法缝制两侧边、包底侧片
开口止位 底部对折线
①缝合包底的侧片，将缝份倒向上侧
侧边 表布（背面）2 2
里袋（正面）正面相对 止缝处
③表袋和里袋正面相对对齐，如图，缝制到止缝处，翻到正面
表袋（背面）

3 安装口金

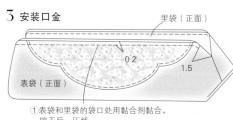

里袋（正面）
表袋（正面）0.2 1.5
①表袋和里袋的袋口处用黏合剂黏合，晾干后，压线

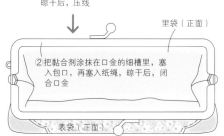

里袋（正面）
②把黏合剂涂抹在口金的细槽里，塞入包口，再塞入纸绳，晾干后，闭合口金
表袋（正面）

4 制作底垫

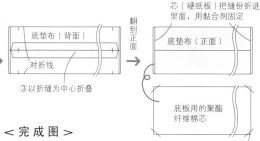

对折线
底垫布（背面）
①正面相对折叠
②把缝份剪为0.8cm宽
底垫布（背面）对折线
③以折缝为中心折叠
放入底板用的聚酯纤维棉芯（硬纸板）把缝份折进里布，用黏合剂固定
底垫布（正面）翻到正面
底板用的聚酯纤维棉芯
剪去四角

5 在口金处安装上饰品

0.4cm丝带 1.5cm蕾丝花边
12
口金 圆环
带扣眼的圆环
将丝带和蕾丝花边对折，穿进带扣眼的圆环里，再穿进对折线里，打折固定

＜完成图＞

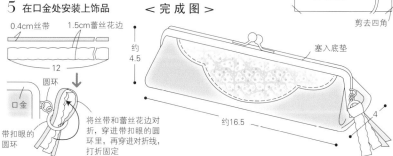

约4.5 塞入底垫
约16.5 4

手拿小包　P.36

成品尺寸：宽约31cm×高约30cm

＜材料＞

紫红色亚麻布 40cm×40cm
方格花纹磨毛棉布 40cm×40cm
浅蓝色棉布 40cm×70cm
黏合衬 35cm×70cm
长30cm的拉链 1根
直径为2.3cm的纽扣 1颗
1.2cm宽的淡蓝色罗缎丝带 43cm
米色毛毡 2.5cm×2.5cm

＜裁剪图＞

・紫红色亚麻布/方格花纹磨毛棉布　　・浅蓝色棉布

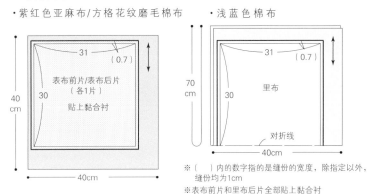

31　（0.7）
表布前片/表布后片
（各1片）
贴上黏合衬
30
40cm
40cm

里布
31　（0.7）
30
70cm
对折线
40cm

※（　）内的数字指的是缝份的宽度，除指定以外，
缝份均为1cm
※表布前片和里布后片全部贴上黏合衬

1　在表布前片缝上罗缎丝带

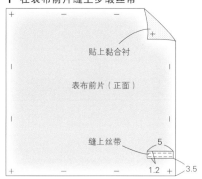

贴上黏合衬
表布前片（正面）
缝上丝带
5
1.2　3.5

※表布后片也贴上黏合衬

2　安装拉链

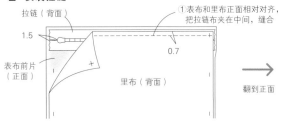

拉链（背面）
1.5
表布前片（正面）

①表布和里布正面相对对齐，
把拉链布夹在中间，缝合
0.7
里布（背面）
翻到正面

拉链（正面）
0.2
②缝份往里折，
压线
表布前片（正面）
里布（背面）

※表布后片也按同样的步骤安装拉链

3　缝制表布、里布的侧边

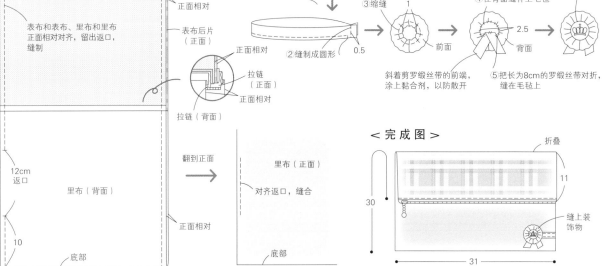

1　1
表布前片（背面）
1　1
缝份剪成三角形
正面相对
表布后片（正面）
正面相对

表布和表布、里布和里布
正面相对对齐，留出返口，
缝制

正面相对
拉链（正面）
正面相对
拉链（背面）

12cm
返口
里布（背面）
10
底部

翻到正面
里布（正面）
对齐返口，缝合
正面相对
底部

4　制作装饰物

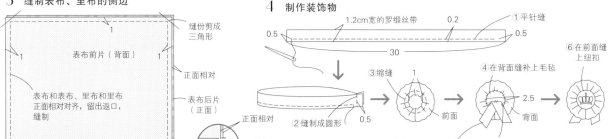

1.2cm宽的罗缎丝带　0.2　①平针缝
0.5　0.5
30

②缝制成圆形　0.5
③缩缝　1　前面
④在背面缝补上毛毡　2.5　背面
⑥在前面缝上纽扣

斜着剪罗缎丝带的前端，
涂上黏合剂，以防散开
⑤把长为8cm的罗缎丝带对折，
缝在毛毡上

＜完成图＞

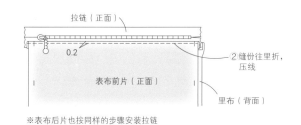

折叠
11
30
31
缝上装饰物

L 形迷你拉链小包

P.37

成品尺寸：宽约10cm×高约10cm×侧片约0.7cm

实物大纸型 B面[I](表布/里布)

< 材料 >

原色棉毛麻布 25cm × 15cm

水珠花纹的棉布 30cm × 15cm

黏合衬 25cm × 15cm

可以熨烫的鹿头刺绣徽章　1 个

长为 20cm 的拉链　1 根

星星小饰物　2 个

直径 0.8cm 的圆环　2 个

金色刺绣线　适量

< 裁 剪 图 >

· 原色棉毛麻布（表布）/ 水珠花纹的棉布（里布）

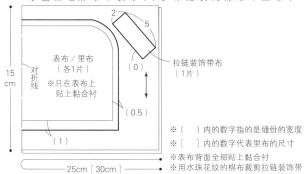

※（ ）内的数字指的是缝份的宽度

※[ ]内的数字代表里布的尺寸

※表布背面全部贴上黏合衬

※用水珠花纹的棉布裁剪拉链装饰带

1　在表布上固定鹿头刺绣徽章

用熨斗使徽章贴合表布

2　缝合表布和里布

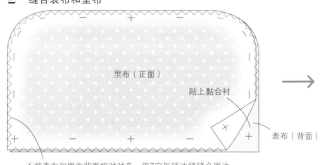

①把表布和里布背面相对对齐，用Z字形锁边缝缝合周边

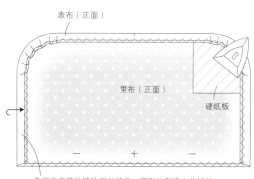

②折出安装拉链位置的缝份，用熨斗熨烫（曲线处，可沿着边端放上剪成圆形的硬纸板）

3　安装拉链，缝合底部，缝制侧片

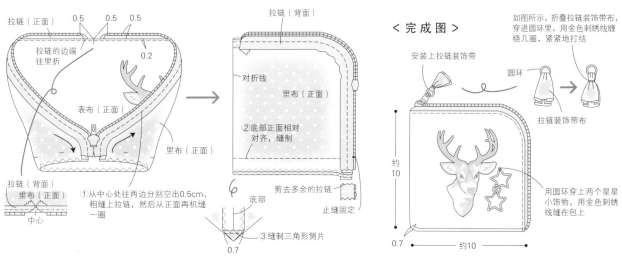

①从中心处往两边分别空出0.5cm，粗缝上拉链，然后从正面再机缝一圈

②底部正面相对对齐，缝制

剪去多余的拉链

止缝固定

③缝制三角形侧片

< 完 成 图 >

如图所示，折叠拉链装饰带布，穿进圆环里，用金色刺绣线缠绕几圈，紧紧地打结

安装上拉链装饰带

圆环

拉链装饰带布

用圆环穿上两个星星小饰物，用金色刺绣线缝在包上

约10

约10

0.7

糖果小包　P.37

成品尺寸：宽约13cm×高约8cm×侧片约8cm

< 材料 >

蝴蝶图案的棉布 30cm×40cm
方格棉布 50cm×40cm
黏合衬 40cm×40cm
长20cm的拉链　1根
1cm宽的粉红色缎带　70cm

< 裁 剪 图 >

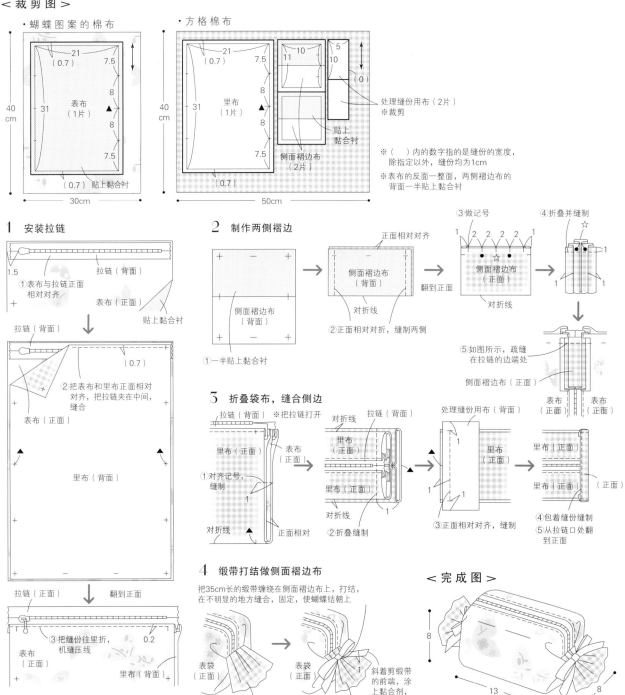

・蝴蝶图案的棉布

21
（0.7）　7.5
8
表布
（1片）
31
8
7.5
（0.7）贴上黏合衬
40cm
30cm

・方格棉布

21
（0.7）　7.5
5
10
11
10
（0）
8
里布
（1片）
31
处理缝份用布（2片）
※裁剪
8
贴上黏合衬
7.5
（0.7）
侧面褶边布
（2片）
40cm
50cm

※（　）内的数字指的是缝份的宽度，
除指定以外，缝份均为1cm
※表布的反面一整面，两侧褶边布的
背面一半贴上黏合衬

1　安装拉链

1.5
拉链（背面）
①表布与拉链正面
相对对齐
表布（正面）
拉链（背面）
贴上黏合衬

拉链（背面）
（0.7）
②把表布和里布正面相对
对齐，把拉链夹在中间，
缝合
表布（正面）
里布（背面）

拉链（正面）　翻到正面
③把缝份往里折，
机缝压线
0.2
表布
（正面）
里布（背面）
※另一侧也用同样的方法缝拉链

2　制作两侧褶边

侧面褶边布
（背面）
①一半贴上黏合衬

正面相对对齐
侧面褶边布
（背面）
对折线
②正面相对对折，缝制两侧
翻到正面

③做记号
1　2　2　2　1
侧面褶边布
（正面）
对折线
④折叠并缝制
☆
1　1

⑤如图所示，疏缝
在拉链的边端处
侧面褶边布（正面）
表布
（正面）　表布
（正面）

3　折叠袋布，缝合侧边

拉链（背面）　※把拉链打开
里布（正面）
表布
（正面）
①对齐记号，
缝制
对折线
对折线
正面相对
②折叠缝制

对折线
里布
（正面）
里布（正面）
③正面相对对齐，缝制

处理缝份用布（背面）
里布
（正面）
1
1
④包着缝份缝制

里布（正面）
（正面）
⑤从拉链口处翻
到正面

4　缎带打结做侧面褶边布

把35cm长的缎带缠绕在侧面褶边布上，打结，
在不明显的地方缝合，固定，使蝴蝶结朝上

表袋
（正面）
侧面褶边布（正面）

表袋
（正面）
侧面褶边布（正面）
斜着剪缎带的
前端，涂
上黏合剂，
以防散开

< 完 成 图 >

8
13
8

带绒球的奶糖小包
P.37

成品尺寸：宽约20cm × 高约5cm × 侧片约5cm

<材料>

水珠花纹的棉布 30cm × 25cm
利伯蒂印花棉布 40cm × 30cm
黏合衬 30cm × 25cm
拉链 30cm 1根
小圆球链条 10cm
绒球直径 4.5cm 1个

<裁剪图>

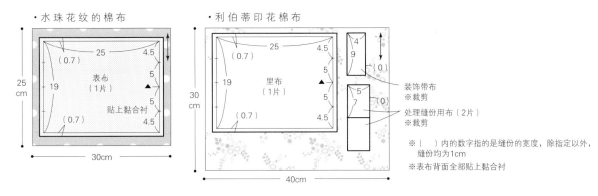

・水珠花纹的棉布

25
(0.7)
4.5
表布（1片）
25cm
19
5
贴上黏合衬
5
(0.7)
4.5
30cm

・利伯蒂印花棉布

25
(0.7)
4.5
里布（1片）
30cm
19
5
5
(0.7)
4.5
40cm

4
9
(0)
装饰带布
※裁剪

5
7
(0)
处理缝份用布（2片）
※裁剪

※（ ）内的数字指的是缝份的宽度，除指定以外，
缝份均为1cm
※表布背面全部贴上黏合衬

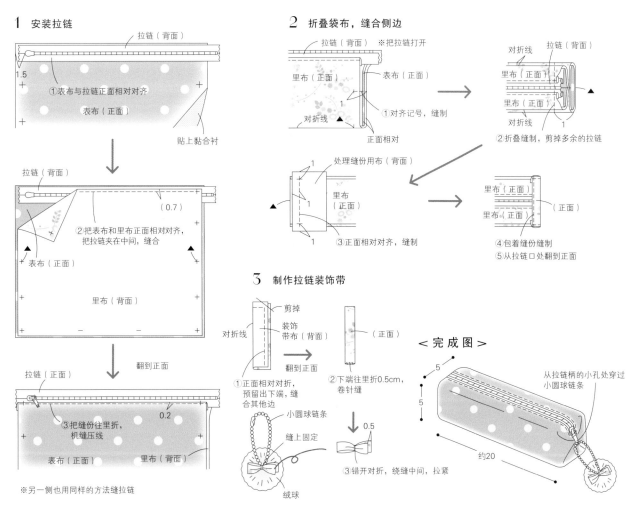

1 安装拉链

拉链（背面）
1.5
①表布与拉链正面相对对齐
表布（正面）
贴上黏合衬

拉链（背面）
②把表布和里布正面相对对齐，把拉链夹在中间，缝合
(0.7)
表布（正面）
里布（背面）

翻到正面

拉链（正面）
③把缝份往里折，机缝压线
0.2
表布（正面）
里布（背面）

※另一侧也用同样的方法缝拉链

2 折叠袋布，缝合侧边

拉链（背面） ※把拉链打开
里布（正面）
表布（正面）
对折线 ▲
1
①对齐记号，缝制
正面相对

对折线
拉链（背面）
里布（正面）
里布（正面）
对折线 ▲
②折叠缝制，剪掉多余的拉链

1
处理缝份用布（背面）
里布（正面）
▲
1
③正面相对对齐，缝制
1

里布（正面）
里布（正面）
（正面）
④包着缝份缝制
⑤从拉链口处翻到正面

3 制作拉链装饰带

剪掉
对折线
装饰带布（背面）
（正面）
①正面相对对折，预留出下端，缝合其他边
翻到正面

②下端往里折0.5cm，卷针缝
0.5

0.5
③错开对折，绕缝中间，拉紧

小圆球链条
缝上固定
绒球

<完成图>

5
5
从拉链柄的小孔处穿过小圆球链条
约20

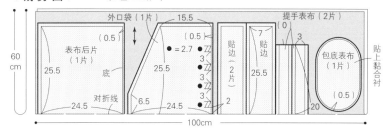

南瓜形购物包　P.24

成品尺寸：包口宽约51cm×高约24.5cm（不含提手）　包底约
14cm×21cm

实物大纸型A面[D](包底表布/包底里布)

<材料>

紫色亚麻布 100cm×60cm
小碎花亚麻布 40cm×60cm
方格亚麻布 80cm×50cm
黏合衬 100cm×60cm
装饰带 0.8cm×55cm
直径1.5cm的磁扣　1组

<裁剪图>　·紫色亚麻布

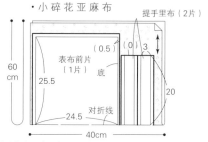

·小碎花亚麻布

60 cm

外口袋（1片）　15.5

提手表布（2片）（0）

表布后片（1片）
25.5
底
对折线
24.5

（0.5）

●=2.7
3
3
3
3
3
3
3

25.5

6.5

（0.5）

贴边（2片）

2

24.5

贴边
7
3

25.5

2

贴
边

（0）

包底表布（1片）

（0.5）

20

贴上黏合衬

100cm

提手里布（2片）

表布前片（1片）
25.5
底
24.5 对折线

（0.5）（0）3

20

40cm

※（　）内的数字指的是缝份的宽度，除指定以外，缝份均为1cm
※表布后片、外口袋、贴边、提手表布、包底表布、包底里布的背面全部贴上黏合衬

·方格亚麻布

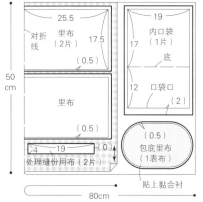

对折线
25.5
里布（2片）17.5
（0.5）

里布

（0.5）

4　19　（0）
处理缝份用布（2片）

19
内口袋（1片）
17
底

12　口袋口

（2）

（0.5）

包底里布（1表布）

贴上黏合衬

80cm

1　制作包袋前片，在底部折出褶边

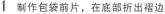
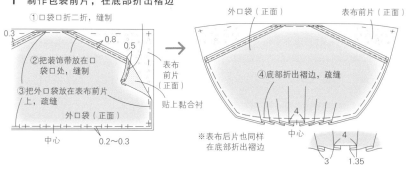

①口袋口折二折，缝制
②把装饰带放在口袋口处，缝制
③把外口袋放在表布前片上，疏缝

0.3
0.8
0.5

外口袋（正面）

表布前片（正面）

贴上黏合衬

中心

0.2~0.3

外口袋（正面）　表布前片（正面）

④底部折出褶边，疏缝

4
中心
4
※表布后片也同样在底部折出褶边

3　1.35

2　缝制两侧，与包底表布缝合

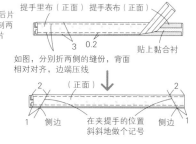

表布前片（背面）

①把表布前片和表布后片正面相对对齐，缝制两侧，使缝份倒向前片

包底表布（背面）
0.5

贴黏合衬

③把内口袋放在里布上，然后与贴边正面相对对齐，缝合，使缝份倒向前侧，边端处压线

②把表布和包底表布正面相对对齐，缝合

3　制作提手

提手里布（正面）　提手表布

3　0.2

贴上黏合衬

如图，分别折两侧的缝份，背面相对对齐，边端压线

2　（正面）　2

1　侧边　在夹提手的位置斜斜地做个记号　侧边　1

4　制作里袋

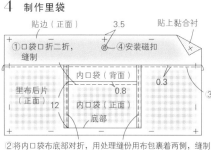

贴边（正面）　3.5　贴上黏合衬

①口袋口折二折，缝制　◎—④安装磁扣

里布后片（正面）

内口袋（背面）
0.8
内口袋（正面）
12　底部

0.3

②将内口袋布底部对折，用处理缝份用布包裹着两侧，缝制
※里布前片也按同样方法制作（不安装口袋）

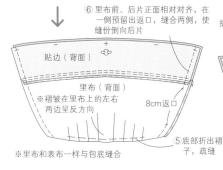

⑥里布前、后片正面相对对齐，在一侧预留出返口，缝合两侧，使缝份倒向后片

贴边（背面）

里布（背面）

※褶皱在里布上的左右两边呈反方向

8cm返口

⑤底部折出褶子，疏缝

※里布和表布一样与包底缝合

5　将表袋与里袋正面相对对齐，放在里袋内，夹着提手缝合袋口

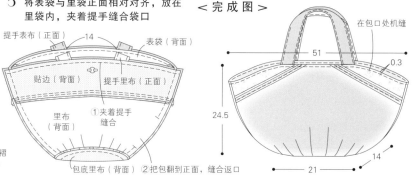

提手表布（正面）　14　表袋（背面）

贴边（背面）　提手里布（正面）

里布（背面）

①夹着提手缝合

包底里布（背面）　②把包翻到正面，缝合返口

<完成图>

在包口处机缝

51
0.3

24.5

21　14

基本款波士顿包

P.40

成品尺寸：宽约45cm×高约22cm（不含提手）×侧片约16cm

<材料>

茶色帆布 100cm×110cm

双开拉链 60cm 1根

皮革饰物 1个

<裁剪图>

・茶色帆布

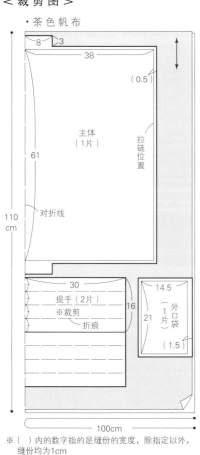

8　3

38

（0.5）

主体
（1片）

61

拉链位置

对折线

110
cm

30

提手（2片）

※裁剪

折痕

16

14.5

外口袋
（1片）

21

（1.5）

100cm

※（　）内的数字指的是缝份的宽度，除指定以外，
缝份均为1cm

1 制作口袋，缝制在主体前面

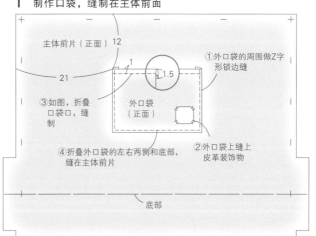

主体前片（正面）12

21

1

1.5

①外口袋的周围做Z字形锁边缝

③如图，折叠口袋口，缝制

外口袋
（正面）

④折叠外口袋的左右两侧和底部，缝在主体前片

②外口袋上缝上皮革装饰物

底部

2 安装拉链，折叠侧片，缝制

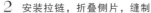

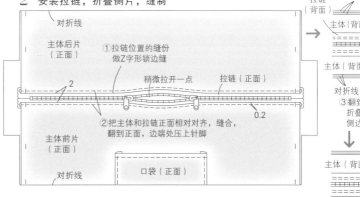

对折线

主体后片
（正面）

①拉链位置的缝份做Z字形锁边缝

稍微拉开一点

拉链（正面）

2

②把主体和拉链正面相对对齐，缝合，翻到正面，边端处压上针脚

0.2

主体前片
（正面）

口袋（正面）

对折线

拉链（背面）

对折线

1.5

主体（背面）

6.5

主体（背面）

对折线

1.5

③翻到背面，折叠，缝制侧边

主体（背面）

1.5

主体（背面）

④包裹着缝份缝制

⑤翻到正面

3 制作提手并安装

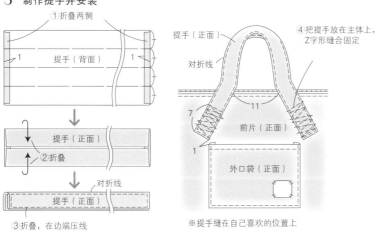

①折叠两侧

1　提手（背面）　1

提手（正面）

②折叠

提手（正面）

对折线

③折叠，在边端压线

提手（正面）

对折线

④把提手放在主体上，Z字形缝合固定

7

11

前片（正面）

1

外口袋（正面）

※提手缝在自己喜欢的位置上

<完成图>

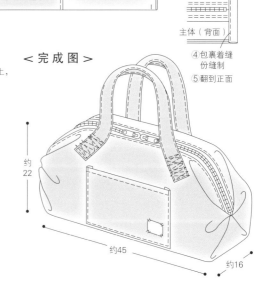

约22

约45

约16

附带小包袋的包中包
P.58

成品尺寸 宽约22cm×高约16cm（不含提手）×侧片约8cm

小包袋：宽约21.5cm×高约13cm

实物大纸型B面[M](外口袋)

<材料>

原色帆布 45cm×50cm

印花棉麻布 100cm×40cm

条纹棉麻布 90cm×50cm

黏合衬 25cm×30cm

拉链 20cm 1根

直径5mm的黑色毛球边饰带 100cm

直径1cm的按扣 2组

<裁剪图>

· 条纹棉麻布

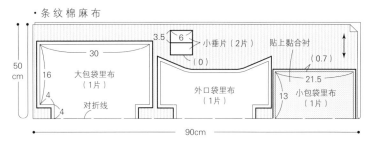

· 原色帆布

· 印花棉麻布

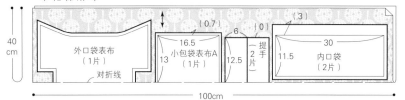

※（ ）内的数字指的是缝份的宽度，除指定以外，缝份均为1cm

※扣环布和提手需要裁剪

※小包袋里布的背面贴上黏合衬

<小包袋的制作方法>

1 拼接表布

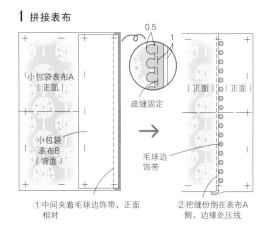

①中间夹着毛球边饰带，正面相对

②把缝份倒在表布A侧，边缘处压线

2 安装拉链

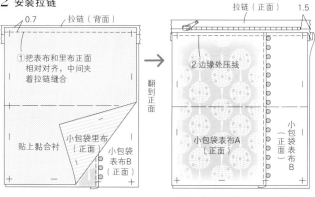

①把表布和里布正面相对对齐，中间夹着拉链缝合

②边缘处压线

翻到正面

※另一侧也按同样的方法安装拉链

3 缝制侧边

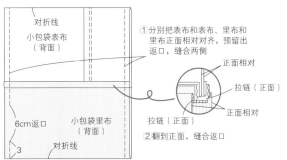

①分别把表布和表布、里布和里布正面相对对齐，预留出返口，缝合两侧

②翻到正面，缝合返口

4 安装按扣

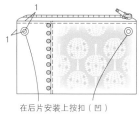

在后片安装上按扣（凹）

<完成图>

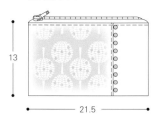

13

21.5

< 包 袋 的 制 作 方 法 >

1 制作外口袋

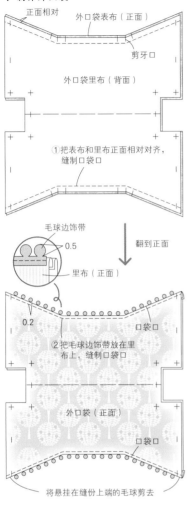

正面相对　　外口袋表布（正面）
剪牙口
外口袋里布（背面）

①把表布和里布正面相对对齐，
缝制口袋口

翻到正面

毛球边饰带
0.5
里布（正面）
0.2
②把毛球边饰带放在里布上，缝制口袋口
外口袋（正面）
口袋口
口袋口
将悬挂在缝份上端的毛球剪去

2 把外口袋和提手疏缝在大包袋表布上

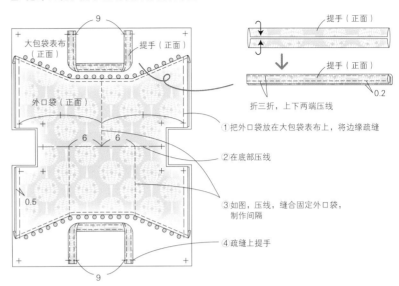

9
大包袋表布（正面）
提手（正面）
外口袋（正面）
6　6
0.5
9

提手（正面）
提手（正面）
0.2
折三折，上下两端压线

①把外口袋放在大包袋表布上，将边缘疏缝

②在底部压线

③如图，压线，缝合固定外口袋，制作间隔

④疏缝上提手

3 制作里布

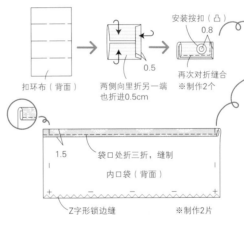

扣环布（背面）
两侧向里折另一端也折进0.5cm
0.5
安装按扣（凸）
0.8
再次对折缝合
※制作2个

1.5
袋口处折三折，缝制
内口袋（背面）
Z字形锁边缝　　　※制作2片

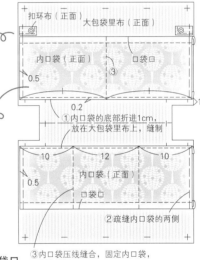

扣环布（正面）　大包袋里布（正面）
内口袋（正面）
口袋口
0.5
③
0.2
①内口袋的底部折进1cm，放在大包袋里布上，缝制
10　12　10
内口袋（正面）
0.5
口袋口
②疏缝内口袋的两侧
③内口袋压线缝合，固定内口袋，制作间隔

4 缝合两侧，缝制底部侧片

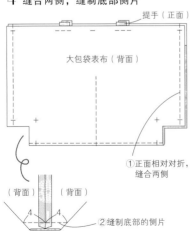

提手（正面）
大包袋表布（背面）

①正面相对对折，缝合两侧
（背面）　（背面）
4　4
②缝制底部的侧片

※大包袋里布也按同样的方法缝制，缝制底部侧片

5 把大包袋里袋放进大包袋表袋里，缝合袋口

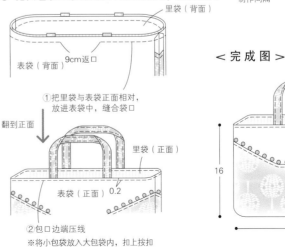

里袋（背面）
9cm返口
表袋（背面）
翻到正面
里袋（正面）
表袋（正面）0.2
①把里袋与表袋正面相对，放进表袋中，缝合袋口
②包口边端压线
※将小包袋放入大包袋内，扣上按扣

< 完 成 图 >

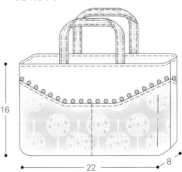

16
22　8

折叠式包中包
P.60

成品尺寸 宽约27cm×高约17cm（不含提手）×侧片约6cm

实物大纸型B面[N](表布/里布、内口袋B)

< 材料 >

眼镜图案的平纹布 100cm×50cm

蓝色亚麻布 100cm×45cm

粉红色平纹布 65cm×50cm

黏合衬 65cm×50cm

1.7cm 宽的D形环 2个

2.5cm 宽的平面拉链 40cm

0.8cm 宽的松紧带 27cm

< 裁 剪 图 >

· 眼 镜 图 案 的 平 纹 布

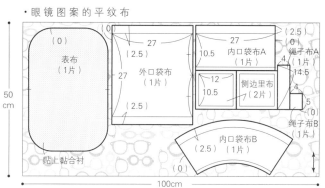

表布（1片）
（0）
外口袋布（1片）27 （2.5）
27 （2.5）
10.5
内口袋布A（1片）
绳子布A（1片）（2.5）（0）4
12 10.5
侧边里布（2片）
14.5 4
绳子布B（1片）5
内口袋布B（1片）（2.5）（0）
50cm
贴上黏合衬
100cm

· 蓝 色 亚 麻 布

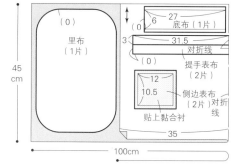

里布（1片）（0）
27 底布（1片）6（0）
31.5 对折线
提手表布（2片）（0）3
12 10.5 侧边表布（2片）对折线
贴上黏合衬
45cm
35
100cm

※（ ）内的数字指的是缝份的宽度，除指定以外，缝份均为1cm

※表布和侧边表布的整个背面，以及提手里布的背面2cm宽处贴上黏合衬

· 粉 红 色 平 纹 布

制作滚边用的滚边布（裁剪30cm长）
4 （0）
提手里布（2片）
贴2cm宽的黏合衬
4 （0）
63
50cm
65cm

1 在主体表布上安装上外口袋、提手、底布

提手里布（正面）
1.5
提手表布（正面）

把提手表布与里布正面相对对齐，边端处压线
里布（正面）
表布（正面）0.1

③放上提手，缝合固定

表布（正面）
5 5
外口袋（正面）

0.1
主体（正面）
外口袋（正面）
对接

表布（正面）
①袋口处折二折，缝制 1.1
外口袋（正面）
外口袋（正面）
②把外口袋放在表布上，疏缝两侧
0.5

贴上黏合衬

表布（正面）
外口袋（正面）
④放上底布，如图，其边端处压线
3 底布（正面） 3
0.2 1
1
3

2 在里布上安装上内口袋

3 制作侧边布

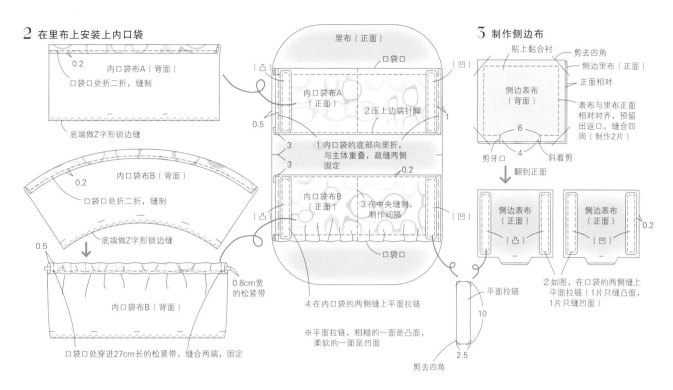

0.2 内口袋布A（背面）
口袋处折二折，缝制
底端做Z字形锁边缝
0.5

内口袋布B（背面）
0.2
口袋处折二折，缝制
底端做Z字形锁边缝
0.5

0.8cm宽的松紧带
内口袋布B（背面）
口袋口处穿进27cm长的松紧带，缝合两端，固定

里布（正面）
口袋口
内口袋布A（正面）
②压上边端针脚
1
3
3
①内口袋的底部向里折，与主体重叠，疏缝两侧固定
0.2
内口袋布B（正面）
③在中央缝制，制作间隔
口袋口
④在内口袋的两侧缝上平面拉链

平面拉链
10
2.5
剪去四角
※平面拉链，粗糙的一面是凸面，柔软的一面是凹面

贴上黏合衬 剪去四角
侧边里布（正面）
正面相对
侧边表布（背面）
表布与里布正面相对对齐，预留出返口，缝合四周（制作2片）
6
4
剪牙口 斜着剪
翻到正面

侧边表布（正面）（凸）
侧边表布（正面）（凹）
0.2
②如图，在口袋的两侧缝上平面拉链（1片只缝凸面，1片只缝凹面）

4 在里布上缝上侧边布，绳子

5 合拢对齐表布和里布，四周包上滚边布

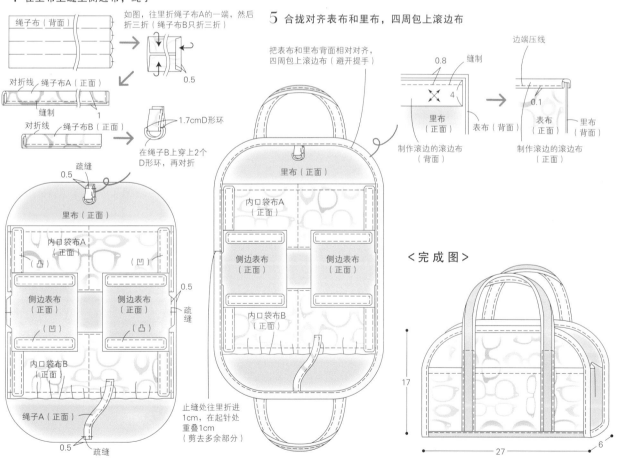

绳子布（背面）
如图，往里折绳子布A的一端，然后折三折（绳子布B只折三折）
0.5
对折线 绳子布A（正面）
缝制 1
对折线 绳子布B（正面）
1.7cmD形环
在绳子B上穿上2个D形环，再对折

疏缝 0.5
里布（正面）
内口袋布A（正面）（凸）（凹）
侧边表布（正面）（凹）
侧边表布（正面）（凸）
0.5 疏缝
内口袋布B（正面）
绳子A（正面）
0.5 疏缝
止缝处往里折进1cm，在起针处重叠1cm（剪去多余部分）

把表布和里布背面相对对齐，四周包上滚边布（避开提手）
里布（正面）
内口袋布A（正面）
侧边表布（正面）
内口袋布B（正面）

0.8 缝制
4
里布（正面）
表布（背面）
制作滚边的滚边布（背面）

边端压线
0.1
表布（正面）
里布（背面）
制作滚边的滚边布（正面）

<完成图>
17
27
6

KAWAII BAG TO POUCH（NV80388）

Copyright © NIHON VOGUE-SHA 2014All rights reserved.

Photographers: YUKARI SHIRAI. SAORI KATAYANAGI. KANA WATANABE.

Original Japanese edition published in Japan by NIHON VOGUE CO., LTD.,

Simplified Chinese translation rights arranged with BEIJING BAOKU INTERNATIONAL

CULTURAL DEVELOPMENT CO., Ltd.

著作权合同登记号：图字 16-2014-167

图书在版编目（CIP）数据

25款青春风手作包 / 日本宝库社编著；陈新译. —郑州：河南科学技术
出版社，2017.5

ISBN 978-7-5349-8678-9

Ⅰ.①2… Ⅱ.①日… ②陈… Ⅲ.①手提包—制作 Ⅳ.①TS941.763.9

中国版本图书馆CIP数据核字（2017）第063706号

出版发行：河南科学技术出版社
　　　　　地址：郑州市经五路66号　　邮编：450002
　　　　　电话：（0371）65737028　　65788613
　　　　　网址：www.hnstp.cn
策划编辑：刘　欣
责任编辑：刘　瑞
责任校对：张小玲
封面设计：张　伟
责任印制：张艳芳
印　　刷：北京盛通印刷股份有限公司
经　　销：全国新华书店
幅面尺寸：213 mm×285 mm　　印张：5　字数：140千字
版　　次：2017年5月第1版　　2017年5月第1次印刷
定　　价：46.00元